U0185272

中国国家博物馆展览系列丛书

# 中国古代饮食文化

王春法　主编

北京时代华文书局

# 中国古代饮食文化展

Ancient Chinese Food Culture

中国国家博物馆
NATIONAL MUSEUM OF CHINA

中国国家博物馆
展览系列丛书

中国古代
饮食文化

中国国家博物馆
展览系列丛书

中国古代
饮食文化

## 策展团队

学术指导：孙　机　王仁湘
策 展 人：王月前　赵丹苹
策展助理：罗　昊　胡佳奇
内容编撰：王　辉　吴芸芸　杨　玥
设 计 师：蔡博洋　李　磊　李梦涵　曹　原　马继伟
施工制作：成现锋
展品加固：郭梦江　杨志红　郭友谊　沙明建
布展协助：张瑞晨　杨　阳　何　钰　安海嵩
石　干　贾　楠　代媛媛　张　运
孙梦颖　张裴桐　吕　东　李　雪
孙　博
展览协调：孙　涛
藏品保障：苏　强
藏品协助：赵玉亮　王小文　张　米　毕　海
顾志洋　白雪松　徐　沄　郭世娴
文物保护：雷　磊
翻　　译：夏美芳　陈一祎
新闻宣传：张　应　陈　拓
社会教育：董　胤
设备保障：刘　超
安全保障：徐建娜　康　健
后勤保障：邹祖望
财务保障：高黎娟
多 媒 体：邓　帅　张雪娇　孙梦颖
数据保障：马玉静　张伽琳　苑　雯　李　洋

# 前 言

饮食不仅是人类赖以生存的物质需要，也是衡量社会发展进步的重要标志。饮食文化是中华传统文化的重要组成部分，从茹毛饮血到炊煮熟食，从大羹玄酒到佳肴美馔，中国古人的餐桌见证了上万年的饮食变革和文化流变。吃饭，不仅是为了果腹与生存，更成为一种生活方式的集中表达，调羹弄膳之间，处处流露着生活智慧和生命尊严。此次中国国家博物馆面向公众推出“中国古代饮食文化”专题展览，就是深入贯彻落实习近平总书记“让文物说话”“让历史说话”的重要指示精神，系统阐释中国古代饮食的发展变迁与文化内涵，引导广大观众细细品味“民以食为天”的中国味道，深刻感知中华民族的血脉与生趣。

中国古代饮食文化绵长而厚重，在其长达数千年的历史积淀中，不仅包含了造型精美的饮食器具、自成体系的烹饪技艺以及浩如烟海的典籍制度，还由此孕育衍化出一系列影响中华文明发展进程的哲学观念、政治智慧和科学思想，同时也为传统音乐、舞蹈、绘画、雕塑、诗歌等诸多文艺创作提供了不竭源泉。本次展览共分为“食自八方”“茶韵酒香”“琳琅美器”“鼎中之变”“礼始饮食”五个单元，展出精选文物240余件（套），从食材、器具、技艺、礼仪等不同角度出发，全面呈现了中国古代饮食文化的历史变迁，真实刻画了古代劳动人民充满烟火气息的日常生活，深刻表达了中华民族对丰衣足食的美好生活的憧憬和信心。

习近平总书记指出，“如果没有中华五千年文明，哪里有什么中国特色？如果不是中国特色，哪有我们今天这么成功的中国特色社会主义道路？我们要特别重视挖掘中华五千年文明中的精华，弘扬优秀传统文化，把其中的精华同马克思主义立场观点方法结合起来，坚定不移走中国特色社会主义道路”。中国国家博物馆作为代表国家收藏、研究、展示、阐释能够充分反映中华优秀传统文化、革命文化和社会主义先进文化代表性物证的最高机构，历来特别重视挖掘中华五千年文明中的精华，从历史和现实、理论和实践相结合的角度深入阐释和弘扬优秀传统文化。衷心希望广大观众通过本次展览能够更加深入了解中国古代饮食文化，深刻感受优秀传统文化的独特魅力，增强做中国人的骨气和底气，以更大的信心和勇气汇聚起建设社会主义现代化强国、实现中华民族伟大复兴中国梦的磅礴力量。

# 目 录

## 专题文章



## 食自八方

### 膳食之主



### 六畜三牲

**蔬鲜果芳**



**茶韵酒香**

**天之美禄**

## 茗香缭绕

## 漆木华美



## 瓷之风韵



## 金玉典雅

## 鼎中之变

### 烹饪有术

**食单著述**



**食以体政**

## 礼始饮食

### 饮食礼器



### 进食之礼

## 宴饮之礼

### 座次



### 分食与合食



### 侑宴之艺

# 专题文章

# 中国古代的酒与酒具*

孙　机（中国国家博物馆研究馆员）

酒的种类繁多，风味各殊，其中最重要的成分是酒精，即乙醇。酒精是大自然的赐予。含糖分的水果只要经过酵母菌的分解作用就能生成酒精。唐代苏敬等人编撰的《新修本草》说，作酒用曲，“而蒲桃、蜜等酒独不用曲”。不用曲的自然发酵之果酒在原始社会中已经出现，人类只有通过它才能接触到酒精，所以这个阶段必不可少。《淮南子·说林训》中有“清醠之美，始于耒耜”的说法，以为最初的酒就是粮食酒，这在认识上是不全面的。

进而，古人又将谷芽——蘖用于酿酒，甲骨文中有蘖粟、蘖来的记载。蘖来即麦芽，它含有丰富的淀粉酶，能使淀粉分解为麦芽糖，再变成酒。这种酒叫醴。《吕氏春秋·重己篇》高诱注：“醴者，以蘖与黍相体，不以曲也。”《释名·释饮食》：“醴，体也。酿之一宿而成，体有酒味而已。”它是一种味道淡薄的甜酒。虽然当时的人对酶不可能有清楚的认识，但在这个过程中总会感觉到它的存在。于是又在蒸煮过（即已糊化）的谷物上培养出能产生酶的真菌——曲霉，从而制出酒母，也就是上文所说的曲。晋代江统所著《酒诰》：“有饭不尽，委余空桑。郁积成味，久蓄气芳。本出于此，不由奇方。”几句话已道出了制曲的由来。有了曲，粮食酒遂正式问世。《尚书·说命》“若作酒醴，尔惟曲蘖”，就是对这项新技术的赞扬和肯定。粮食酒不仅打破了自然发酵的果酒之季节性的限制，而且味道比原始的果酒和醴更加醇厚。不过用谷物造酒，须先经过酒曲的糖化作用，使淀粉分解为简单的糖，再经过酵母作用产生酒精。这一微生物发酵的机制是相当复杂的。而且酒的香味在很大程度上取决于此过程中所产生之适量的醛和酯；这些东西多了不行，少了则乏味。如果不是利用在自然发酵制果酒的阶段中积累起的经验，要一下子发明用粮食造酒的技术，恐怕是难以想象的。

在商代，醴是淡酒，鬯是香酒。鬯酒又名秬鬯；秬是黑黍，鬯是香草。《说文》：“鬯，以秬酿香草，芬芳条畅以降神也。”从古器物学的角度讲，以鬯酒为指标或信号，使我们认识到这时最高级的酒器乃是卣（图一）。甲骨刻辞上有“鬯一卣”“鬯三卣”“鬯五卣”等记载，这和古籍中的提法如“秬鬯一卣”（《尚书·文侯之命》《诗·江汉》）、“秬鬯二卣”（《尚书·洛诰》）是一致的。故《左传·僖公二十八年》孔颖达疏引李巡曰：“卣，鬯之尊也。”鬯是当时的顶级美酒，其专用的酒器自应有较高的身价，非通用的盛酒器——尊之可比。不过商代甲骨文中提到的酒器，除卣以外，只有爵、斝（图二）等数种。其中特别值得注意的是爵。河南偃师二里头所出夏代铜爵（图三），前面的流平直伸出，特别长。在一般印象中，爵是用来喝酒的，其实不然。拿嘴对着这么长的流喝酒，其不便自不待言。试看匜同样是带流之器，就是用于注水，而不是用于

图一　铜卣

图二　铜斝

图三　铜爵

*本文出自董淑燕著《百情重觞：中国古代酒文化》（中国书店，2012年版）。编者对原文配图做了调整。

喝水的。本来，古人认为爵是礼器。《说文》：“爵，礼器也。象雀之形，中有鬯酒。”鬯酒是用于敬神的。所以《礼记·礼器》说：“宗庙之祭，贵者献以爵。”在祭礼中，爵里的鬯酒要浇灌到地上，即所谓“先酌鬯酒，灌地以求神”（《礼记·郊特牲》正义）。灌地用带流之器自然比较方便。何况二里头遗物中还有带管状流的爵，它们更适合浇灌而不适于就饮。同时，还应注意到陕西扶风云塘所出铜瓒自名为爵，其铭文称：“白公父作金爵，用献用酌。”瓒是祼器。《周礼·郁人》郑玄注：“祼器，谓彝及舟与瓒。”《周礼·司尊彝》郑玄注：“祼谓以圭瓒酌郁鬯，始献尸。”爵与瓒既然是同一类器物，其用途自当用于酌，用于灌；是礼器，更是祼器。后世以爵作为古代饮酒器的代表，纯属误解。那么，既然爵不是饮器，商周时又用何种器物饮酒呢？看来应当是觚。这种喇叭口的束腰形器正适合执之以就饮。《大戴礼记·曾子事父母》称：“执觞觚杯豆而不醉。”显然是说用它们饮酒。故《通鉴·晋纪》胡三省注遂径称：“觚，饮器。”上文提到过，在粮食酒流行开来之前，还有一个饮用自然发酵的果酒的阶段。由于这时的酒很难保存下来，只能通过酒器进行推测。可是在公认的商周青铜酒器出现之前，原始社会中有没有专用的酒器，目前也没有一致的看法。山东莒县陵阳河大汶口文化遗址出土的大口陶尊（图四），有人认为用于酿酒发酵，可是也有人认为用于保存火种。至少从器表刻画出的图形文字看，它和酿酒似乎没有多少直接关联。可是这里出土的镂空陶高柄杯（图五）倒像是饮酒用器。这么小的杯子，做得如此精致，要是只用来喝水，未免小题大做；所以它大约是用来喝当时的某种酒的。从造型的大轮廓上看，它和觚均可视为圆口的高杯，和战国铜器刻纹中那些举之以饮的杯形器，甚至和西方的锥形酒杯（tapered glass）相较，均不无肖似之处。

商周时代之陶器和铜器上的花纹，限于表现能力，未能将造酒的场面刻画出来，在东汉的画像石上才能看到这样的例子。河南密县（今新密市）打虎亭一号墓东耳室南壁的一幅石刻画像（图六）之最下一栏，将造酒的过程反映得很具体。自左至右，第一部分是酘米。《齐民要术·造神曲并酒》说：“细挫曲，燥曝之。曲一斗，水九斗，米三石。须多作者，率以此加之。其瓮大小任人耳。”“初下酿”时所酘的米大约就放进此栏最左边的大瓮里；所谓米，实际上是蒸过的饭。大瓮右边有一圆台，台上放一盆。盆中盛的应是已经挫细了的曲，台后之人正将曲舀出来准备倒入大瓮中。其右部的画面也是在酘米，不过这是追酘的米。《齐民要术》说：“一宿，再宿，候米消，更酘六斗。第三酘用米或七八斗。第四、第五、第六酘，用米多少，皆候曲势强弱加减之。”初酘时，黍米饭下在和了曲的水中，米消之后，瓮里的水已发酵成醪，因这时主发酵期尚处在旺盛阶段，遂在发酵的醪里再酘米。曲势壮，就多酘几次，直到发酵停止酒

图四 大口陶尊

图五 镂空陶高柄杯

图六 河南密县（今新密市）打虎亭酿酒画像石线图

图七　铜酒樽

图八　高士宴乐纹螺钿镜

熟为止。黍米饭黏而且软，须“搦黍令破”。此处所刻大瓮上横着箅子，操作者正在搦黍米饭。再往右，表现的是酘米后的搅拌，即《齐民要术》说的“以酒杷遍搅令均调”的工序。搅拌不仅能使发酵醪的温度上下均匀，而且使空气流通，促进益菌繁殖。现代酿造黄酒仍重视搅拌，称为“开耙”。画面最右边则是将熟醪放入槽床榨酒。《周礼·酒正》郑玄注：“缇者，成而红赤，如今下酒矣。”贾公彦疏：“下酒谓曹床下酒。”孙诒让正义：“下酒，盖糟床漉下之酒。”画像中用一壶承接漉下的酒，此壶不大，或因熟醪入榨前已将易收之酒滤出。在槽床榨压大概为的是收其余沥。这道工序可以将酒榨得很干净，《齐民要术》中甚至提到过“压糟极燥”的情况。至此，造酒的一个流程就结束了。有人曾临摹过这幅石刻画，却在摹本中改变了原作的内容，并把它说成是“生产豆腐图”。其实直到唐代我国还未能制作出豆腐；此说诚无根之谈。

打虎亭一号墓中不仅有造酒的场景，其东耳室北壁和西壁还刻有设酒备宴图。在各类食具、酒具中，特别突出桶形和盆形的大酒尊（“樽”），尊里放着勺。在考古发现中，盆形者在铭文中自名“酒樽”，桶形者自名“温酒樽”。只根据字面意思，“温酒樽”似是温酒用的。其实不然。尊是盛酒的，不是温器。出土的铜酒樽（图七）虽有三蹄足，然而极矮，其下难以燃火，不能用于加温。何况出土的这类酒尊还有漆器和平底无足的陶瓷器，它们就更无法用于加温了。在汉代，“温”可作为“醖”的借字。《诗·小宛》郑玄笺：“温籍自持”。而在《礼记·礼器》郑玄注和《汉书·匡张孔马传·赞》中皆作“醖籍”。长沙马王堆一号汉墓的遣策中记有“温酒”。唐兰先生认为“温就是醖字”，“醖酒是反复重酿多次的酒”。其说是。这种酒比较名贵，所以桶形尊也往往做得很精美。北京故宫博物院所藏东汉建武二十一年（45年）鎏金铜醖酒尊，其圆座有三熊足，镶嵌绿松石和衬以朱色的水晶石，与鎏金的尊体相辉映，非常华丽。但盆形尊用得却更广泛，不仅在汉画像砖、石上经常见到，而且到了唐代仍频频出现。洛阳涧西唐乾元二年（759年）墓出土的高士宴乐纹螺钿镜（图八）、陕西长安南里王村唐墓壁画、唐孙位《高逸图》、宋摹唐画《宫乐图》（图九）中都有它的身影。唐诗中也不乏“相欢在尊酒，不用惜花飞”“何时一尊酒，重与细论文”之句。但几位饮者围着一个大盆舀酒喝，至少反映出两个问题：第一，盆里的酒之酒度不会很高。汉代文献中常说有人饮几石酒而不乱，可见喝的不是烈性酒。第二，盆里盛的是凉酒。《楚辞·大招》：“清馨冻饮，不歠役只。”王逸注：“冻，犹寒也。……醇醲之酒，清而且香，宜于寒饮。”敞口的盆形尊，明显不利于保温。更不消说湖北随州曾侯乙墓出土的大冰鉴（图十）中，还固

图九　宋摹唐画《宫乐图》

图十　铜冰鉴

图十一　“君幸酒”漆耳杯

定着贮酒的方壶。这表明喝凉酒实有悠久的传统。

汉代喝酒不用觚而用杯。但汉代的杯与现代汉语中所说的杯，是两个大不相同的概念。杯源于手掬之抔。《礼记·礼运》曾云“抔饮”，郑玄注：“抔饮，手掬之也。”从手掬发展出来的杯，平面接近双手合掬所形成的椭圆形，左右拇指则相当杯耳。所谓耳杯，实由杯耳得名。在汉代，杯仅指耳杯。耳杯常用于饮酒。浙江宁波西南郊西汉墓所出漆耳杯，内书“宜酒”。长沙汤家岭西汉墓所出铜耳杯，刻铭“张端君酒杯”。长沙马王堆一号墓出土的漆耳杯，中书“君幸酒”（图十一）。这说明它们都是酒杯。不过耳杯也用作食器。乐浪古墓出土的大型漆耳杯，刻文自名“羹杯”，与《史记·项羽本纪》中“分我一杯羹”的说法正合。上述马王堆一号墓所出漆耳杯中，除了书有“君幸酒”的以外，也有书“君幸食”的，皆可为证。

还有一种铜耳杯的用途看起来比较怪，它常和小铜炉配套；其炉自名为“染炉”，其杯自名为“染杯”，整套器物可称为染器（图十二）。20世纪60年代中，有人撰文推测它是染色的用具，其实是对“染”字之片面的误解。《吕氏春秋·当务篇》高诱注：“染，豉、酱也。”染器正是盛调味品的。耳杯本有这方面的用途，马王堆一号墓的遣策所记之杯，就注明“其二盛酱、盐”。但为什么配以铜炉加热呢?这是因为当时吃濡肉时须在酱中烹煎。《礼记·内则》说：“欲濡肉，则释而煎之以醢。”郑玄注：“凡濡，谓烹之又以汁和之也。”是要先将肉煮到可食的程度，再放入热酱汁中濡染，然后进食。染器应是吃濡肉时的用具。不过也有不少学者认为它是用来温酒的。西安东郊国棉五厂三分厂西汉墓出土的染器，在杯口上横出长柄，与一般饮酒之杯的器形不同。再考虑到这时还是喝凉酒的时代，是否需要这套奇特的温酒炉，似有可商。

汉代的杯是耳杯，而现代的筒形杯汉代人称之为“卮”（图十三）。它本用木片卷屈而成。《礼记·玉藻》郑玄注：“圈，屈木所为，谓卮、匜之属。”《说文》也说：“卮，圜器也。”《庄子·寓言篇》陆德明释文引《字略》更明确指出：“卮，圆酒器也。”安徽阜阳西汉汝阴侯墓出土的圆筒形漆器自名为卮，马王堆一号墓所出云气纹“七升”漆卮，也都证明了这一点。所以曾侯乙墓出土的“双耳金杯”、阿房宫遗址出土的“云纹高足玉杯”，似亦应称作“金卮”“玉卮”为宜。

中唐时，酒具的形制发生了较大的变化。李匡乂《资暇集》说：“元和初，酌酒犹用樽杓，所以丞相高公有‘斟酌’之誉。虽数十人，一樽一杓，挹酒而散，了无遗滴。居无何，稍用注子，其形若罂（一种瓶），而盖、嘴、柄皆具。”唐代瓷器中注子是常见之物，虽然这里面有些是点茶用的汤瓶。然而如铜官窑出土的注子上，有的题有“陈家美春酒”“酒温香浓”“浮花泛蚁”等句，自应是酒注。上文说过，我国古代曾长期饮凉酒。南北朝以降，或将酒加温后

图十二　铜染器

图十三 漆卮

图十四 温碗、注子

图十五 狩猎纹高足银杯

再饮。《北史》记孟信与老人饮，以铁铛温酒。《世说新语·任诞篇》记王忱在桓玄家饮酒，“频语左右，令温酒来”。李白《襄阳歌》“舒州勺，力士铛，李白与尔同死生”句中之铛，也是用来温酒的。盆形尊散热太快，对此很不适用，从而将温过的酒盛在酒注里。为了保温，后来还在酒注之外套上贮热水的温碗（图十四）；不过这样配置的实例要到宋代才能见到。更由于这时漆器的使用范围缩小了，漆耳杯已隐没不见，日常喝茶饮酒都用瓷碗，即盏。茶盏和酒盏的器形相似，但二者之托盘的式样却大不相同。承茶盏的叫茶托或盏托，承酒盏的叫酒台子；后者在托盘中心突起小圆台，酒盏放在圆台上。一套完整的酒具组合即由酒注、温碗、酒盏、酒台子等四件构成。杭州西湖出水的莲花式银酒台，是这类器物中的极精之品。酒盏与酒台子合称“台盏”。《辽史·礼志》记“冬至朝贺仪”中，亲王“搢笏，执台盏进酒”。元代仍沿袭这种叫法。《事林广记·拜见新礼》说：“主人持台盏，左右执壶瓶。”关汉卿《玉镜台》中，刘倩英给温娇敬酒：“旦奉酒科，云：‘哥哥满饮一杯。’做递酒科。正末唱：‘虽是副轻台盏无斤两，则他这手纤细怎擎将！’”但刘倩英如果端上这件西湖出水的银酒台，上承银酒盏，再斟满酒，分量可就不轻了。

唐代还有若干酒具（图十五）受到外来器物的影响。临安钱宽墓出土的海棠杯，造型的渊源可以追溯到萨珊的多曲长杯。此物在我国的出现不晚于十六国时期。新疆库车克孜尔石窟38窟之4世纪的壁画中，就有供养人持一多曲长杯。唐人颇欣赏此器形，出土物中有八曲的和十二曲的，晚期还有四曲的；不仅有金银制品，还有铜、玉、水晶和瓷制品。唐代称之为叵罗，是伊朗语padrōd的对音。叵罗又作颇罗、不落或凿落。李白诗：“葡萄酒，金叵罗。”白居易诗：“银花凿落从君饮，金屑琵琶为我弹。”宋陶谷《清异录》中说：“开运宰相冯玉家有滑样水晶不落一双。”而内蒙古哲里木盟辽陈国公主墓出土的四曲水晶长杯，正可视为水晶不落。不过它已简化为四曲，式样已经汉化了。钱宽墓的白瓷长杯仍然保持八曲的造型，但底部有近圆形之较高的圈足，且承以花口盘，也应是外来器形汉化后的产物。再如临安水邱氏墓出土的白瓷把杯，其渊源也可以追溯到粟特的单环耳把杯那里。

以上谈到的都是饮酒、盛酒之器，此外还有贮酒之器。唐、宋以降，贮酒用长瓶（图十六）。此物初见于陕西三原唐贞观五年（631年）李寿墓石椁内壁的线刻画中。“醉乡酒海”长瓶、“四爱图”长瓶以及“周家十分”银长瓶等，都是久负盛名的珍品。长瓶也叫经瓶，经常出现在宋墓壁画“开芳宴”的桌前。民初许之衡在《饮流斋说瓷》中将长瓶称为“梅瓶”，言其口小仅可插梅枝。此说不确。长瓶用于贮酒，瓶上的题刻亦足为证。除“醉乡酒海”长瓶外，上海博物馆藏有“清沽美酒”长瓶。安徽六安出土的长瓶上有“内酒”二字。锦州博物馆所藏者书“三杯和万事，一醉解千愁”。西安曲江池出土者题有“风吹十里透瓶香”诗句。山东邹县（今邹城市）明代朱檀墓出土的长瓶里盛的也是酒。而宋、元人在书斋里插梅花则多用胆瓶。如王十朋《元宾赠红梅数枝》诗中说“胆瓶分赠两三枝”，以之与韩淲“诗案自应留笔研，书窗谁不对梅瓶”之句相比照，则后一处所称“梅瓶”，实际上是指插了梅花的胆瓶。明袁宏道《瓶史》说：“书斋插花，瓶宜短小。”他认为胆瓶、纸槌瓶、鹅颈瓶等之“形制减小者，方入清供”。而在明代螺钿漆奁盖上的“折梅图”中所见，这时插梅花用的仍是花瓶，并非被一些人称为梅瓶的长瓶。

至于葡萄酒，汉通西域后传入我国。汉张衡《七辨》中提到过“玄酒白醴，葡萄竹叶”。在唐代，葡萄酒已较常见。这时凉州是葡萄酒的主要产区。王翰《凉州词》中开头就说“葡萄美酒夜光杯”。但今山西一带却有后来居上之势。《新唐书·地理志》说太原土贡有葡萄酒。在我国北方民族建立的辽、金、元各朝中，葡萄酒更为流行。辽宁法库叶茂台辽墓主室中有木桌，桌下的瓷瓶中封贮红色液体，经检验即葡萄酒。《马可·波罗游记》说：“从太原府出发，一路南下，约三十里处，出现成片的葡萄园和酿酒作坊。”《元史·世祖本纪》说，至元二十八年（1291年）“宫城中建葡萄酒室”。我国官方的葡萄酒酿造业（图十七）自此开始。内蒙古乌兰察布盟土城子出土的黑釉长瓶，刻有“葡萄酒瓶”四字。在铭文中标出葡萄酒的器物别无二例。

由于酒醪中酒精浓度达到20%以后，酵母菌就不再发酵，因此酿造酒的酒精含量一般在18%左右。但经过蒸馏提纯，酒精含量可达60%以上。蒸馏酒到元代才从西方传来，当时的人说得很明白。如忽思慧《饮膳正要》（1330年成书）说：“用好酒蒸熬，取露成阿刺吉。”许有壬（卒于1364年）《至正集》说：“世以水火鼎炼酒取露，气烈而清，秋空沆瀣不过也……其法出西域，由尚方达贵家，今汗漫天下矣。译曰阿剌吉云。”由元入明的叶子奇在《草木子》中说：“法酒，用器烧酒之精液取之，名曰哈剌基。酒极浓烈，其清如水，盖酒露也。……此皆元朝之法酒，古无有也。”此说在明代亦无异议。李时珍《本草纲目》说：“烧酒非古法也，自元时始创其法。”方以智《物理小识》说：“烧酒，元时始创其法，名阿剌吉。”这些知识界的精英说的是其当代或近世之事，而且众口一词，是不能忽视它们的权威性的。阿剌吉或哈剌基（亦作轧赖机、阿里乞、阿浪气）为阿拉伯语`araq的对音。因为它的酒度高，早期的记载中甚至说它“大热，有大毒”（《饮膳正要》）；“哈剌吉尤毒人”（《析津志》）；“饮之则令人透液而死”（《草木子》）。这反映出当人们开始饮用这种烈性酒时还很不习惯，存在着一些思想障碍。

我国的这种酒是用粮食酒醪蒸馏的，萃取了酿造粮食酒的历程中获得的那些可人的成分，在世界上独树一帜，与用葡萄酒醪蒸馏的白兰地、用甘蔗酒醪蒸馏的朗姆酒的酒味颇不相同。此种珍酿在我国行世后，人们的口味大变。本来口味的流行有如时尚服装，前波后浪，不断变化更替；酒类也是如此。上一代的名酒到了下一代，有的竟完全被冷落了。当前是蒸馏酒的天下，白酒以香型分类，有酱香型、浓香型、清香型、凤香型、馥郁香型，等等，各擅其胜。名酒之所以受到众口交赞，除了其选料、曲种、水质乃至酿造工艺、勾兑技术、储存方式等诸因素外，还往往具有得天独厚的条件。如一些老窖中之芳香的窖泥，富含复杂的微生物群落，就不是他处可以轻易取得的。2005年，一块宜宾明代老窖的窖泥还成为中国国家博物馆的藏品。名酒的风味或峻拔劲爽，或醇正甘冽，或软滑绵厚，或狠酷辛烈，空杯留香，回味无穷。其中有些微妙的口感几乎难以言表，更无法用化学分析一一指证。酒家或将其产品的源头远溯汉唐，但彼时尚无蒸馏酒，攀亲找不到落脚点，也就难以为酒史所认可了。

酒能成事也能误事，不过无论小酌或痛饮，所带来的欢愉之情总使人念念不忘。特别是诗人，酒后进入兴奋状态，佳句会脱口而出，即所谓“李白斗酒诗百篇”。常人没有李白（图十八）的那份才情，但“我诗一篇酒百斗”，也不妨借酒催诗。古希腊的荷马说：“从来没有诗歌是由喝水的人写成的。”可见古今中外不少名篇均透出酒香，其他各门艺术也不例外。所以酒永远不会从夜光杯乃至粗瓷碗中消失。

图十六　长瓶

图十七　酿葡萄酒场景

图十八　李白像

# 从考古发现看中国古代的饮食文化传统*

王仁湘（中国社会科学院考古研究所研究员）

中国考古学在20世纪有许多重要的发现，比如我们一般的人都比较了解的北京人化石、西安半坡遗址，以及马王堆、殷墟、三星堆这么多非常重要的发现，以及仰韶文化和龙山文化的发现，都是我们在古代文献上所读不到的东西。我们很多遗忘的历史都是通过考古被重新认识的，关于我们古老文化的一些根基的资料，如历史上传统的生活方式，甚至是很多细枝末节的内容，包括饮食生活方面的一些内容，这些内容中的一部分由考古重新发现，是考古学给了我们重新认识许多古老事物的机会。

从考古发现的资料出发，我们至少可以从四个方面来认识中国古代饮食传统。一是从古代的烹饪技术和传统的炊具来看古代饮食文化，二是从古代厨师的活动及一些传统食谱来看古代的饮食文化，三是从直接出土的食物来看古代饮食文化，四是从出土的食具来看古代的饮食文化。

我们常用煎、炒、烹、炸来概括中国烹饪的主要技法，但是古代的情形可能并不是这样。我们平日享受到的美味，更多的还是炒出来的馔品，这是当代中国烹饪的一个非常独到的技法。在古代更能体现中国烹饪特色的，除了炒以外，还有蒸。有关古代烹饪技法的证据和传统的一些炊具在考古中常有发现。

## 一、由烤、煮、蒸、涮这四个技法溯源中国古代烹饪方式的起源

烹煮。从陶器开始发明的时候，大约是距今1万年以上的新石器时代就开始有了比较标准意义上的煮。史前时代有陶釜、陶鼎这类主要用来煮的器具。中国史前的饮食器具有很多特点。其中三足器比较发达，我们的先人喜欢在一个器物下做三个脚。这种器具非常多，看起来很有美感，很有稳重感，这是非常有特点的。在这种三足器中，最常见的就是鼎，实际上是一个釜下面加上三条腿。鼎曾被作为国家政权的象征。我们知道有“定鼎”“问鼎”“九鼎”的说法，有些王朝把拿到了九鼎作为拥有国家政权的象征。

烹煮是中国古代应用相当广泛的一种烹技，不光是我们中国用，国外也用。我们用这个方法的证据，早到1万年以前。在江西万年仙人洞的新石器遗址里发现了陶釜（图一），这样的陶釜做得比较简单，下面是个圜底，外表还有简单的纹饰，这是最早的陶质炊具。类似的原始陶釜在湖南等地也有发现，它说明1万年以前饮食生活就比较讲究了。釜因为大部分是圜底的，在平地上放不稳，却可以直接放到火塘里边加热。在新石器时代的长江流域，还有其他邻近地区有这种情况，就是做三个支子，把釜支起来。但是更多的时候，可能就是用三块合适的石头把它支起来，然后烧火。我们最近在云南边境发掘的一处新石器时代遗址中，也发现了建有三个泥支座的火塘。有很多研究者认为，鼎的出现可能是这种用陶支座和石支座支陶釜的办法发展来的，把三个腿固定到釜上面，就成了鼎（图二）。鼎实际上在新石器时代就非常流行，主要是在黄河、长江中下游地区，是当时常用的饮食器具。

在年代晚一些的河姆渡文化中不仅有釜，还有灶，都是陶土做的，它实际是一个活动的炉子。炉子，我们现在都在用，吃火锅的炉子应该就是这么演变过来的，它在史前的时候就比较流行了，在仰韶和龙山文化时期都使用陶炉烹饪。

后来到商、周时代，鼎开始作为上层社会礼仪用的重器。我们知道最著名的一尊鼎，是出自安阳殷墟的一个方鼎，叫司母戊鼎（图三）。司母戊鼎（也有称“后母戊鼎”）是迄今发现的最大的青铜鼎，它高133厘米，重达832.84千克。有人研究说，过去可能得几百人劳动数月的时间才能够做成这么一尊大鼎。青铜鼎到春秋以后也还能见到，做得非常精致，因为后来它不仅是直接用来做炊煮用的炊器了，它也还是食器。大量的鼎还是祭器，也就是礼器，用来盛上祭品，向神祭祀，向先人祭祀，它是一种礼仪场面出现的重器。比如“天子九鼎”，位居天子之位，他要用九个鼎摆在一起，这九个鼎并不一样大，一个比一个小，叫列鼎。各个鼎中盛着不同的祭品，有牲物，也有其他的食物。

类似于这种用鼎和釜的烹饪方法，我们知道在汉代画像石上还能看到。汉代用的可能是铁釜了，下面用一个铁支子把它支起来。我们在一些少数民族地区做调查的时候，发现这种方法现在还在用，应该是我们古老传统遗留

*原载于《湖北经济学院学报》2004年第2期。

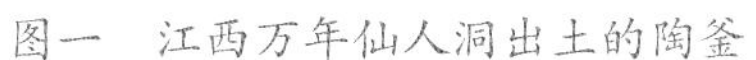

图一　江西万年仙人洞出土的陶釜

图二　浙江吴兴钱山漾出土的扁足陶鼎

图三　河南安阳殷墟出土的司母戊鼎

下来的一个证据。

烧烤是比烹煮更为古老的一种方法，是最原始的烹饪方法。在没有釜、灶的时候，把食物直接放在火上烧烤，味道比较特别，香美异常。中国史前关于烧烤食物的证据，来自新石器时代遗址中发现的一些陶做的烤箅，它被做成箅齿状，上面放上食物，可以烤鱼、烤肉。最近在齐家文化的一处遗址，即青海的喇家遗址里发现了一座烤炉。它是用石板做的，把一块薄石板支起来，下面烧火，然后上面放食物。这是中国考古发现最早的一座烤炉，这说明我们烤的方法，除了明火烤以外，已经有了严格意义上的烤炉。

我们特别要关注的是古代先人发明的蒸法。蒸的基本器具是甑（图四），甑的发明可以上溯到仰韶文化时期，北方黄河流域的仰韶文化、南方的崧泽文化里就有甑了，都有5000年以上的历史。特别是在南方的新石器文化中，出现了上面的甑和下面的釜连为一体的器具，考古学上称它为“甗”。它下面盛水，中间有一个箅子，水烧好了以后，通过蒸汽把上面的食物蒸熟。这是非常伟大的发明。西方虽然用蒸汽能发明蒸汽车，是一个伟大的贡献，但是我们运用蒸汽的历史要古老得多。这种方法直到现在在中国烹饪里应用得非常广泛。这也是我们和西方饮食文化的一个区别。因为西方饮食文化主要用煎、烤，所以他们做出来的是牛排，是面包；我们做出来就是馒头，因为我们是蒸出来的。我们这个蒸法的发明，是古代厨师的一个骄傲，也是一个很重大的贡献。我们知道法国大餐在世界上很有名，但是法国厨师在不久以前还不知道蒸法，在烹调活动中甚至连蒸的概念都没有。

我们在汉画像石上也看到了用甑蒸食的场面，实际上跟甗的形式还是一样的，但是把它放在了灶上。甑后来做了更大改良，它不用铜了，也不用陶了，它用竹子来做，就出现了蒸笼。我们在汉画像石上，也见到了蒸笼的图像。这是在古代文献上都找不到的，但是在画像石上我们见到了，在河南密县（今新密市）一座画像石墓里，发现了非常标准的蒸

图四　河南陕县（今三门峡市陕州区）三里桥出土的陶甑

图五　河南密县（今新密市）画像石上的“蒸笼”线图

笼图像（图五）。

煎的方法在古代烹技中也出现很早，在仰韶文化中找到了重要证据。在郑州附近的仰韶文化遗址里出土了许多件形态特别的器具，我们叫作鏊也好，叫作铛也好，这种东西就是烙饼用的。它上面做成一个平面，一个饼一样形状的平面，下面加上三个腿，放平后上面就可以摊饼。这个是非常重要的发现，因为我们过去认为中国饼食、面食起源是比较晚的，这个证据说明古代中国人很早就吃煎饼了，有5000年左右的历史。当然开始不一定吃的就是小麦面饼。历史时代的考古遗址中，陆续发现过不少饼铛类的器具，甚至发现过汉魏时代绘有摊煎饼图像的壁画，说明这个烹饪方法是一直被继承下来了。现在北方的街市上还常常能见到煎饼摊子，正是五千年古老传统的延续。

## 二、由考古发现，了解古代厨师的烹饪活动

考古发现古代的烹饪活动直接证据，最集中的就是汉代的画像石，它非常生动、非常直观地表达了汉代当时的那种庖厨场面。厨师作为职业出现比较早，传说的人文初祖伏羲、黄帝，他们在发明烹饪方法上都是亲自实践并做出了贡献的。后来如商代的伊尹（图六），是出身于厨师。厨师的地位，在历史上常常是比较高的。在周代宫廷设有食官，食官划在天官之列，天官在“六官”（天官、地官、春官、秋官等）中是排在第一的，厨师的地位在天官中仅次于宰官，说明古代对从事厨师行业的人非常重视。

我们以画像石为例，来看看古代的厨师的烹饪活动。从山东、河南等地出土的汉代画像石来看，有很多烹饪活动的场面，考古获得的这些资料，对复原当时人的饮食烹饪活动很有帮助。这些画像石中，比较著名的一件出自山东诸城的前凉台（图七），在一个石面上画出了一幅庞大的庖厨场景，有几十个人在那里忙碌着，各种各样的与烹饪相关的活动都有。打水、劈柴、生火、宰牲、切肉、烤肉等活动，石工画家一点都未遗漏。

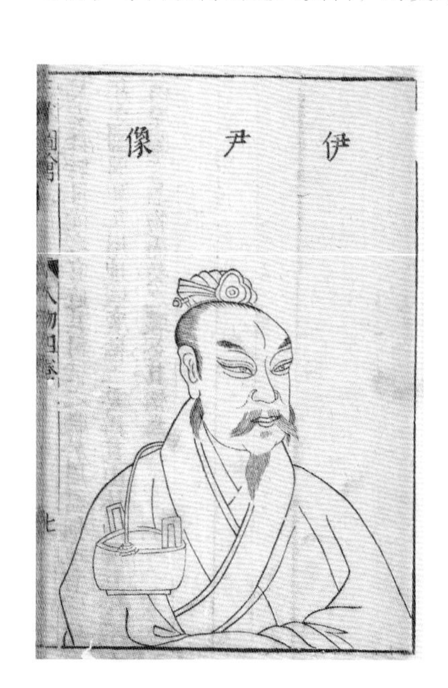


图六　伊尹像

汉画还有一些场面表现的是当时市场上的饮食店。在四川发现的画像砖上面，就有表现市面上活动的场景，人们在房子里烹饪，有街道，有买食物的人，甚至还可以看出有叫卖的。还有的画像石表现了野炊的场景。在山东出土的一块画像石上，画着一棵大树，树上挂了一些羊腿、牛腿，树下面有灶，一些厨师在那儿做炊事活动。它可能表现的是一种野宴，就是在野外宴饮前准备宴饮的一些食物。在河南密县（今新密市）一座墓里，出土了好几块画像石，也表现了很丰富的烹饪活动的场面，比如有切割的场面，有烹煮的场面，还有烤羊肉串的场面，非常生动。在画像石上，还有一些酿造的场面，比如说酿酒（图八）。有一些研究者认为，有些画面上可能表现了做豆腐的场面。中国豆腐的发明，本来从文献上找不到更多的证据，是在什么时候发明的，我们的祖宗已记载得不很真切了。现在比较确切的认识是，豆腐可能是唐代以后——五代、宋时期发明的。但是有一种说法认为，是汉代淮南王刘安在炼丹过程当中摸索出一套办法来，最早意外做出了豆腐，宋代

图七　山东诸城前凉台画像石“庖厨图”线图

人就有这样的推测。在河南密县（今新密市）的一块画像砖上，发现了类似做豆腐的场面。有的研究者说它表现了做豆腐的全过程：磨豆子、沥浆、压榨，这些程序都有。但是有的研究者认为不是做豆腐，而是与酿酒工艺有关。这个说法证据还不是很足，这是一个重要的研究线索，还有深入探讨的必要。

图八　四川出土的酿酒画像砖

汉代画像石上还表现了一些备宴的场景，庖人把一些做好的食物摆在案子上，准备主人来进餐。除了画像石以外，还有一些雕塑，我们叫它俑，是陶俑，甚至有的是青铜雕塑，它表现的是一个个厨师的形象。汉代墓葬里发现了一些庖厨俑。在长江三峡的重庆忠州（今忠县）一带，发现了一批三国时期的墓葬，也出土了这样的一些厨俑，他们的打扮、他们的动作、他们做了些什么，都表现得非常具体。考古还发现过一些宋代厨娘画像砖（图九），刻画的厨娘一个个都是那么干练，甚至还透着一种富贵气。从元代一些壁画上看，那时厨师已经有了比较标准的装束了，他们的衣服很有特点，有围裙，有特别样式的厨师帽子，高高的，有点像咱们现在厨师戴的帽子。

图九　河南偃师出土的宋代厨娘砖雕

## 三、从直接出土的食物看古代的饮食文化

在考古发掘中也出土过一些食物，有的保存得还比较好。如长沙马王堆汉墓就出土了一些食物，因为密封得比较好，一些有机质的东西保存得都比较好，一些诸如食物类的有机质东西保存得都比较好，还保留着原有的样子。例如有鸡蛋，它放在竹箱子里面，蛋壳形状还很清楚，可以看出一个一个鸡蛋的样子。还有一些兽骨、兔骨头等。另外，还有一些藕片（图十），出土的时候，藕片一片一片，七个孔非常清楚，保存得非常好。还有烤肉串，在竹签子上面穿的东西都看得出来。

在马王堆，更重要的是出土了一套竹简。竹简上记载了当时一些放进墓葬里头的食物的名称（图十一），这些名称非

图十　湖南长沙马王堆汉墓出土的藕片

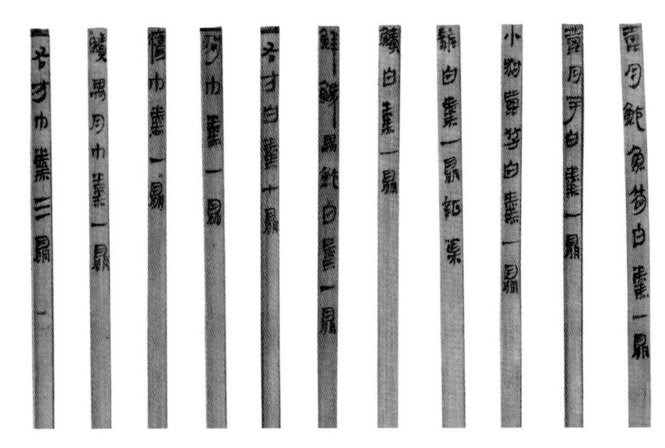

图十一　湖南长沙马王堆汉墓遣策记载的“馔品”

图十二　新疆吐鲁番出土的唐代饺子及点心

常广泛，包含的内容有肉食、有饮料，有主食、有点心，还有果品、粮食、酒类，等等。从肉食制品来讲，里头包含的羹，就是放有肉的肉汤类的食品，原料有牛、羊、猪、狗、鸡、鱼，配上一些辅料；另外还有烤肉、有涮料，有火腿、腌肉；还有一些调味品。调味品就有19种，说明当时的人饮食水平非常高了，味感非常精细。统计了一下，如果按照食材和烹饪方法分类，这些肴馔名称可分为17种、70款之多，这应该还不是当时人享受的全部的烹饪食品。

考古也发现了一些各具风味的传统食品，而且有很多食品是我们在文献上查不到的。从出土的古代的烤肉串、火锅，还有饺子、点心，甚至罐头这些食品的资料，可以对古代烹饪水平发展的高度有一个生动直观的说明。

饺子。在山东薛城春秋时代的墓葬里，在一个铜器中发现了几个饺子。这是考古发现的年代最早的包馅食品。在一些雕塑品上表现了饺子的图像，在长江三峡出土的三国时期的一个厨俑，它的案子上就有一个非常完整的饺子，而且是花边饺子，非常好看。我们知道，从古代文献上讲，有关饺子、馄饨的记录只能追溯到南北朝的时候，但是通过考古把饺子出现的时间大大提前了。

出土的比较完整的饺子在新疆吐鲁番，因为那里比较干燥，许多随葬品保存很好。有一些随死者葬的饺子，就是半圆形，跟我们现在饺子一模一样。饺子在古代，最早称它作馄饨，也称作牢丸，到从汉代至北齐的时候就比较定型了，正所谓“形如偃月”。

火锅。火锅现在很多地区都很流行，北方地区的涮羊肉，实际上也是一种火锅。通过考古找到火锅的证据，比较早的是在西周时期。西周贵族饮食大量用鼎，有一种鼎它下面做成空的，可以烧火，上面一层可以涮肉、煮肉。这种鼎就是很标准的火锅，它并不大，它的高度也就是10多厘米。因为当时的人进食，正式场合是一个人一个小案子，自己吃自己的，所以做成很小的这种火锅。后来在东周、秦汉时期，也还有一些发现，出土了一些火锅的资料。在西汉墓葬中，出土了很多炉式青铜器具，叫染炉、染杯，因为它上面就有铭文，说这个东西叫这个名字。上面是一个杯，这个杯平常是用来喝酒的。实际上这还是一种涮锅子，是一种火锅。染本来就有涮的意思。

烤肉串。在汉代画像石上，有一些烤肉串场景。这说明汉代的山东地区，这种烤肉串就相当流行了，在很多画像石上面，都看到这种场面。这种羊肉串的烤法，流行于现代新疆一带，也影响到北方地区的许多城市。不知道汉代人吃上烤肉串，是不是也是从西域传来的。

点心。考古发现比较早的点心实物（图十二）是属于唐代的，出土于新疆吐鲁番，这种花式点心几乎跟现在是一样的做法，它是用模子压下来的，然后再烤。新疆因为气候比较干燥，保存条件比较好，所以像这些食物都还能够原样地保存下来，颜色好像都没有怎么变化。

罐头。我们知道这是西方的发明，包括现在一些饮料都做成罐头形式。但是我觉得，我们的罐头食品可能还是出现比较早的。在南方的楚墓里，就发现有一些陶罐密封得很好。外头用泥，用一些密封的材料，它里面的食物保存得非常好。在辽墓，在其他一些墓里头发现了一些容器，也密封得很好，打开以后，里面有些菜的颜色都还是青色的。中国古代密封食物的技术还是很高的，我认为这些食物就是罐头食品。

## 四、从出土的一些古代食具，可以复原古代中国人的饮食方法

我们传统的食具，是比较有特点的。人类的进食方式，可以划分为三个比较大的集团：一个是手抓的，另一个是用叉子叉食的，再一个是用筷子吃饭的。用叉子的人，主要分布在欧洲和北美洲；用手抓食的人主要生活在非洲、中东、印度尼西亚和印度次大陆的许多地区；用筷子吃饭的人主要是在东亚大部。中国人主要是用筷子吃饭，这个传统非常古老。我们是筷子的发明人，是主要的使用者。实际上，我们不仅用筷子进食，我们还用勺子。而且，还有很多人不知道的是，我们古代还用叉子。勺子的使用，在中国是最早的。从现在发现的证据来讲，已经可以追溯到7000年以前，在著名的河姆渡文化里出土有很典型的勺子，有用骨头做的，也有用象牙做的，还刻有漂亮的花纹。在山东沿海地区大汶口和龙山文化一些居民中，他们用蚌壳做勺子，蚌壳有一个勺子的形状，加一个柄就可以使用了。但大量的都是用骨头做的餐勺。史前人的很多勺子，在勺把上都钻了一个孔。勺子是随身带的，可能就挂在腰边，到吃饭的时候拿出来用就行了。人死了也用于随葬。后来筷子使用以后，勺子和筷子是

配套使用的。在我们的餐桌上，一般都遵照传统摆上这两种餐具。最早的金勺子，是在湖北随州的曾侯乙墓里出土的，而且这个勺子是个漏勺，它不是喝汤用的，可能是捞羹汤里的肉菜吃的。

考古发现证实，在4000多年以前我们的先人就开始使用餐叉了。西北甘青地区的齐家文化中发现了一些骨制餐叉，是三齿状的。这种餐叉，跟我们现在用的西餐餐叉形状是非常接近的，大小也差不太多。而且值得特别注意的是，这种餐叉出土时，它与勺子和骨刀同在，表明当时餐叉、勺、刀是三件配套的。也很有趣，跟现在西餐的餐具的配伍是一样的。这种餐叉到了商周以后还在使用。在商代的一些遗址、墓葬中也有出土，尤其是在一个战国墓里头出土的餐叉有50多件，这是在洛阳出土的，和铜器放在一起。

从商代以后，餐叉变为两齿，它跟最早的三齿叉不太一样，比较小巧一些。餐叉，我们一般的理解是随着西餐一起传到中国来的。实际上西方人用餐叉的历史并不太长。西方学者认为，西餐普遍用餐叉，是16世纪开始的，有的认为还早一点，但顶多能推到10世纪，是拜占庭帝国时期开始的，也就是1000年左右的历史吧。那么我们自己呢，餐叉的历史是在4000年以上。

在一些研究者看来，筷子是中国的，在饮食上是中国的国粹。《礼记》记载："子能食食，教以右手。"就是说孩子到能吃饭的时候，你一定教他用右手拿筷子吃饭。筷子，从文献记载来讲，可能是在商代最早发明的。考古提供一些证据，也能证明商代有了筷子。因为在殷墟一座大墓里出土了铜制的筷子头，它只是一个套头，铜做的。然后上面要接一个木杆，做成一个完整的筷子。当然，在出土的时候，那木杆已经腐朽了。最早的筷子比较简单，后来就做成铜的，做成了金银（图十三）的，甚至还有玉的，但大量使用的还是竹木制的。

我们现在发现最早的铜筷子，是春秋时代的，在云南祥云出土的一具铜棺里，发现有一双筷子。另外，在安徽贵池的一座春秋墓里，也发现了一双筷子。出土的这些年代较早的筷子有圆的，也有扁的，还没有像我们现在的一头圆一头方的这种筷子。汉代画像石里头有很多使用筷子的场面，可以看到在汉代人的饭桌上，在他们的盘子、碗里，都明确地放有筷子，这细小的物件都被一丝不苟地刻画出来，比较生动。其中，有一幅"邢渠哺父"孝子图（图十四），画面中父亲坐榻上，邢渠跪在父亲面前，一手拿着筷子，一手扶着父亲，正在给父亲喂饭。这是表现用筷子的生动场面。在敦煌的一幅唐代壁画上面，也是男男女女围坐在一起吃饭，大家每人面前除了一个勺子，还有一双筷子，这两大件，一件都不能少。还有西安附近发掘的一座唐代韦氏家族墓中，墓室东壁见到一幅《野宴图》壁画（图十五），画面正中绘着摆放食物的大案，案的三面都有大条凳，各坐着3个男子。在每人面前的案子上，都放有筷子和勺子。在五代画家顾闳中所绘的《韩熙载夜宴图》上面，在夜宴主人的餐桌上面，也放有筷子。不仔细看还看不出来，但是当时的画工很仔细，是画了筷子的，而且是一个人一双，画得很明确。在其他的一些绘画资料上，我们也能看到筷子的图像，它表现了古代中国人把筷子作为餐桌上必备的一个餐具。这是中国饮食文化一个鲜明的象征。

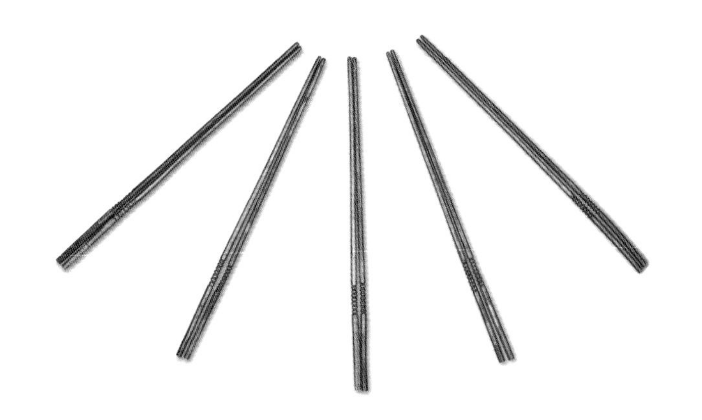

图十三 安徽窖藏元代筷子

图十四 山东"邢渠哺父"画像石

图十五 陕西西安《野宴图》壁画

# 展览中的“人”“物”互动
## ——谈“中国古代饮食文化展”的设计特色

王　辉（中国国家博物馆研究馆员）

中国古代饮食文化源远流长、内容宏富，不仅有制作精美、功能各异的饮食器具，有种类繁多、自成体系的烹饪技艺，有浩繁的饮食典籍制度，还包含着由烹饪实践派生出的“五味调和”“和而不同”的哲学思想，“治大国若烹小鲜”的政治智慧以及“医食同源”“食疗养生”等科学的饮食思想……数千年的中国饮食文化积淀，对丰富世界饮食文化宝库做出了卓越的贡献。

作为展览设计人员，在职业生涯中能够承接“中国古代饮食文化”（图一）这样宏大的专题展览无疑是非常幸运的。众所周知，选题对一个展览的成败起着至关重要的作用，展览要想取得成功，其选题就必须体现“以人为本”，饮食文化这一与广大观众息息相关的展览选题势必能够引起更多的情感共鸣，更易为观众所接受并喜爱。

然而，如何在有限的展厅面积中展示如此庞大的展览主题，是摆在设计人员面前的一大难题。饮食文化是一个内涵极为丰富的体系，它包括了食物生产、饮食生活、饮食礼仪、饮食风俗传统、饮食思想等一切与人类食事活动相关的领域。每个大的领域又包含类别众多的小概念。仅以食物生产为例，又可分为食物原料开发（发掘、研制、培育）、生产（种植、养殖）、食料（食品）保鲜与安全贮藏、食品加工制作（烹调）、饮食器具制作、社会食物生产管理与组织（购买、流通、消费）以及其他一切有关食料与食物提供的社会性活动。[1]展览主题的博大宏富，使设计人员在展品遴选和展览文本撰写过程中面临的取舍纠结之苦不言而喻。在此之前，国家博物馆和其他兄弟馆虽也举办过饮食器具类题材的展览，但系统地将内容宏富的中国古代饮食文化以展览方式呈现，在国内尚属首次。这就意味着此次展览并没有多少可供借鉴参考的展览资料。如何从数量庞大的饮食相关文物中挑选出最具代表性的展品？如何将历史悠久、博大精深的中国古代饮食文化内涵通过展览的语言向观众传达？如何深入挖掘展品背后的故事，在确保展览学术性的同时，又增强展览的故事性、延展性？所有这些问题都是此次展览设计人员需要面临的重大问题。

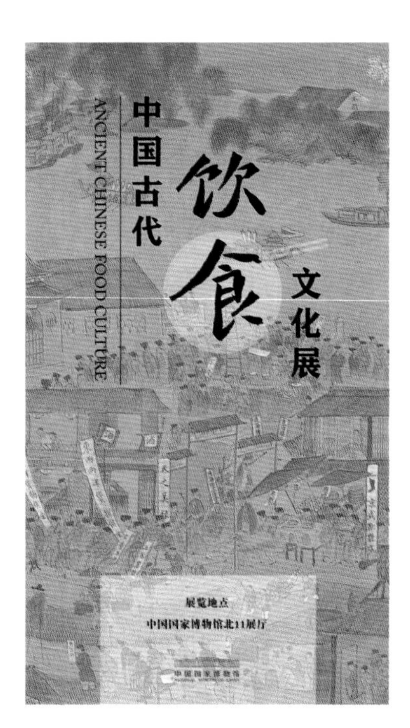

图一　“中国古代饮食文化展”展牌

为正确地理解和解读文物，设计人员耗费了近3年的时间搜集、消化、吸收大量的饮食文化学术研究成果，并在展览筹备期间多次召开专题研讨会，请来业内权威专家对展览大纲进行反复论证，并且根据诸位专家的意见，对大纲进行多次修订，数易其稿。最终，在设计人员的不懈努力下，这个凝聚了设计人员无数心血的展览终于得以与观众见面。展览分为“食自八方”“茶韵酒香”“琳琅美器”“鼎中之变”“礼始饮食”五个单元，从材、器、技、艺、仪等多个角度系统阐释中国古代饮食文化的丰富内涵。与以往专注器物呈现的饮食器类展览不同的是，此次展览最大的特色在于展览中随处可见的“人”“物”互动。

### 一、“人”：历史中“人”与展览中“人”

历史中“人”指的是悠久灿烂的中国古代饮食文化的创造主体，包括茹毛饮血的远古祖先，用火烤制食物的北京猿人，开辟食源、教人熟食和烹饪的中华民族的始祖——燧人、伏羲（图二）、神农等，“以滋味说汤”的商朝最著名的宰相伊尹，主张“食不厌精，脍不厌细”的孔子，以烹饪之道喻说治国理政的老子（图三），鸿门宴上剑拔弩张的敌对双方——刘邦与项羽（图四），兰亭雅集、曲水流觞的亲历者王羲之，开创“饮茶有道”新时代的陆羽，依托美酒激发创作灵感的“诗仙”李白，提出“美食不如美器”见解的袁枚（图五）……

中国古代饮食文化展的定位是一个有故事的展览，那么故事中的人物自然是展览重点关注的对象，无论是上述传世

图二　伏羲像

图三　老子像

图四　项羽像

图五　袁枚像

文献记载中的人物，还是画像砖石、壁画中的人物，抑或是饮食器具上镌刻的工匠，他们都是值得被展示的辉煌灿烂的古代饮食文化的创造者。为此，展览中展出了近300幅饮食图像资料，将饮食活动中这些生动的人物形象向观众呈现，拉近与观众之间的距离。如在序厅的展览标题墙（图六）采用了4张不同时代的人们饮食生活图像，分别是远古时期的北京人烧烤食物、汉代壁画中席地而食的男女主人、五代传世名画《韩熙载夜宴图》中的众多与宴宾客以及清代绘画《千叟宴》，这4张图片直观地表现了中国古代饮食文化发展史中的4个重要历史节点：其一，远古时期，火的使用使先民们脱离了“茹毛饮血”的饮食生活，步入了熟食时代，这在中国古代饮食发展史上具有划时代的重要意义。经过火烤的熟食，不仅口感更好、易于消化，还可增加营养，提高人类的体质和智力。其二，在中国古代，人们席地而坐的习俗由来已久，延续的时间很长，至少保持到唐代。秦汉时期，人们依然是席地而坐，席地而食，这一点在大量的汉代画像砖石、壁画等图像资料中均有所反映。当时的建筑技术虽然较此前有了很大发展，但与后代相比，室内高度和空间还是有限，当时尚没有桌椅板凳类的高足家具，所以人们的饮食活动仍然是在席上进行的。河南洛阳汉墓壁画中显示了当时人们饮食活动的面貌：人们席地而坐，面前放一低矮食案，食案上放置食物，一人一案，单独进食。其三，魏晋南北朝时期，出现了规模空前的民族大融合的局面。随着民族间交往的日益深入，边地少数民族的坐具和垂足坐姿深深影响了中原地区自商周以来建立的传统习俗、生活秩序及与之紧密关联的礼仪制度，传统的席地而坐的姿势受到更轻松的垂足坐姿的冲击，这促进了高足坐具的使用和流行。[2]另一方面，建筑技术的进步，特别是斗拱的成熟和大量使用，增高和扩展了室内空间，也对家具有了新的需求。隋唐时期，各类高足坐具已相当流行，从《韩熙载夜宴图》可见各种桌、椅、屏风和大床，图中的人物完全摆脱了席地起居的旧习。画面显示韩熙载及几位宾客，分坐床上和靠背大椅上，欣赏着一位琵琶女的演奏。他们每人面

图六　“中国古代饮食文化展”序厅标题墙

前摆着一张小桌子，放有完全相同的一份食物，碗边还放着包括餐匙和筷子在内的整套进食餐具，互不混同。这幅场景表明了虽然当时围坐一处合而食之的食俗已成为主流，但分食的影响力还未完全消退。至于宋代，合食制完全取代了分食制，台北故宫博物院藏宋徽宗赵佶所绘的《文会图》就是明证。其四，伦理性和等级性是中国古代饮食文化的两大特色。这种饮食礼制中的等级性至清代达到登峰造极的地步。从食器的质地、造型、使用，到各种筵宴的名称、规格、时间、地点、座次排列、食品种类、席间音乐、进餐程序以及餐桌食具的安排，等等，均有明确而严格的规定。[3]千叟宴是清廷为年老重臣和社会贤达举办的盛大国宴，因与宴者都是60岁以上的男子，且人数超过千人而得名。有清一代，该宴共举办过4次，“千叟宴”先后有肃立静候、高奏韶乐、皇帝升座、三跪九叩、就位进茶、宴席揭幕、奉觞上寿、御赐卮酒、执盒上膳、一跪上叩、皇帝回宫、垂首恭送、领赏谢恩、辞京回乡等众多程序。[4]中国古代饮食文化除了具有强烈的等级性外，还是社会伦理纲常的“凝固剂”。这种饮食上的伦理性，主要体现在重教、敬贤、尊老等方面。“千叟宴”即是三代“燕礼”、汉代“养老礼”、元代“寿庆礼”、明代“万寿节宴”的延续和发展，是十分典型的中国传统敬老嘉会。

图七　中国古代引进外来作物的展示区

图八　年宴场景复原

展览中“人”指的是来参观展览的观众。在以人为本的当今社会，博物馆展示设计的领域也正深受这种思维的促进而发生深刻的变化。展览策划者越来越重视观众与博物馆的联系，不管是展览计划的制订，还是具体展示空间布局的规划，都重点考虑观众的感受。本次展览的策划中始终遵循着“以人为本”的理念，不论是见人、见物、见精神的主题定位，还是情怀与温度并存的展览语言，抑或是精心设计的展线框架及复原场景，展览设计的各个方面都围绕着“人”——观众来展开。人们从四面八方进入博物馆，其实更是为了寻找自己的故事。一个成功的展览可以搭建起展品与观众之间沟通的桥梁，使观众可以跨越时空的阻隔，与过去“相见”，和未来“对话”。如此，观众不再是展览信息的被动接收者，而是展览的“参与者”、历史的“见证者”。为了让观众产生思想感情上的共鸣，本次展览设计了很多观众参与环节。

展览第一单元“食自八方”结尾处讲述了中国古代对外来作物的引入，旨在表现中国古代饮食文化兼容并蓄精神的内核。如何让观众对这部分内容产生共情？为此，我们以敦煌壁画汉代《张骞出使西域图》作为背景图，并将外来谷物、蔬果传入中国的相关信息以图表、文字信息、外来作物模型展示等形式呈现出来（图七）。观众可以先行了解各种外来作物传入信息图表，然后从精心设计的外来作物“盲盒”中抽取作物模型，验证自己的“学习效果”。事实证明，这种设计新颖而有趣，使观众在参与体验中获得直观的认识。

好的展览表达还需要注重展览的叙事方式。现在大部分展览还是依赖精品，好的展览不仅应该“刺激眼球”，还要“刺激大脑”。所谓的“刺激大脑”，就是不仅把它变成自己知识的一部分，还要去思考一些问题，或者化作自己的知识之后再去建构新的知识体系。[5]如何做到既“刺激眼球”，又“刺激大脑”呢？笔者认为展览设计者必须给展览注入更多烟火气息和情感的活力，使展览在确保艺术化的同时更加人性化，更加贴近观众。本次展览力图用情怀与温度并存的讲述方式带给观众不一样的观展体验。展览尾厅的“年宴场景复原”（图八）中有一段能够触动观众情感的展览文字：春节饮食活动的高潮是吃“团圆饭”（又称“年饭”）。吃团圆饭之俗，至迟在晋代已经开始。羁旅他乡的游子即便再忙碌，也会想方设法赶回家去吃顿年饭。因特殊原因不能回家吃年饭的，家人们也要为他们留一席位，摆上一套碗筷，以示团圆。年饭是一年中最隆重的一顿饭，其食材之丰富、菜肴之精美，是平常饮食无法相比的。无论是菜肴数量还是菜品安排上，年宴都颇为讲究。如菜肴数量要成双，10道菜取“十全十美”之意，12道菜取“月月乐”之意，18道菜意即“财源滚滚”。菜肴名称也包含着吉祥的寓意，如“糖醋鱼”寓意“年年有余”，“四喜丸子”寓意“福、禄、寿、喜”，“剁椒鱼头”寓意“鸿运当头”。总之，自古以来，年宴都生动地展现了中国家庭紧密的凝聚力和向心力。年宴上各种包含吉祥寓意的精美菜肴，表达了人们对未来生活的美好祝愿。2022年春节期间，由于疫情反复等原因，很多人选择了留京过年，相信这一“年宴场景复原”在一定程度上可以弥补游子们不能回家过年吃年夜饭的遗憾。

## 二、“物”：“静态展品”与“动态展品”

展览中的“物”包括两种类型：一为“静态展品”，二为“动态展品”。所谓“静态展品”指的是博物馆中的藏品，展览中的实物展品。绝大多数的博物馆收藏藏品是基于这样一种信念，即藏品是人类文明的重要物证，能够唤起人们对于历史的回忆。[6]作为以物叙事的“信息定位型”展览，“中国古代饮食文化展”中的“实物展品不再仅仅是欣赏的对象，也不再是博物馆展览中唯一的陈列要素，而成为故事叙述系统中的要素之一，扮演着故事叙述中物证的角色”[7]。

“中国古代饮食文化展”共展出240余件（套）文物，既有扁足陶鼎、嘉量、鎏金莲瓣银茶托、双凤玉耳杯、青花缠枝花纹菱花口盘等一级文物（图九），也有石臼、陶鸡、擀面杖等一般文物（图十）。嘉量是谷物计量的重要工具，鎏金莲瓣银茶托表现的是唐代茶文化，扁足陶鼎是新石器时代的精品炊具，石臼是远古时期的谷物加工工具，陶鸡讲述的是中国人的肉食结构，擀面杖则是面点制作的重要实证。对于本次展览来说，无论何种级别的文物都是展览故事叙述中不可或缺的要素，没有高低之分。

简单放置在展柜里的实物展品本身是无法扮演故事讲述者的角色，这就需要展览设计者通过拓展“动态展品”（包括辅助展品、复原场景、多媒体设备等）调动其他媒介和展示手段，弥合展览故事情节与实物展品之间的距离，引导实物展品“开口讲话”。如展览第二单元“茶韵酒香”第二组“茗香缭绕”中的展品黑釉兔毫盏（图十一）是宋代茶文化

图九　一级文物举例

1.扁足陶鼎（新石器时代）　2.嘉量（新莽）　3.鎏金莲瓣银茶托（唐代）　4.双凤玉耳杯（明代）　5.青花缠枝花纹菱花口盘（明代）

图十　一般文物举例
1.石臼（新石器时代）　2.陶鸡（汉代）　3.擀面杖（清代）

图十一　黑釉兔毫盏

图十二　点茶场景复原

高度发展的重要实证，对于这件展品的阐释就采用了展品说明、图表、视频、场景复原等多种方式。

首先来看展品说明：

宋代盛行斗茶。衡量斗茶的效果，一看茶面汤花的色泽和均匀程度，茶色以纯白胜青白、灰白、黄白；二看盏内沿与茶汤相接处有无水痕，"咬盏"（汤花浮面紧贴盏沿不退）久者为胜，先着水痕者为负。由于茶色尚白，为了取得较大的反差以显示茶色，斗茶活动中首选建窑黑釉兔毫盏。

这段文字解释了"斗茶"活动中获胜的标准是什么，为什么建窑黑釉兔毫盏是"斗茶"活动的首选。但仅凭这段文字是无法将宋代茶文化的内涵阐释清楚的。观众应该获得更多的信息。其一，"斗茶"之"茶"是如何制成的？对此，我们参照各类文献绘制了宋代制茶流程图，形象地还原了从撒茶种、采茶苗、晾晒白柳、揉茶饼、碾茶饼等流程；其二，碍于版面限制，展品说明文字只是介绍了斗茶的最终效果及获胜的评判标准，但对斗茶所比拼的点茶技艺没有解释。因此，我们又在展厅墙面上粘贴了专家学者总结的宋代点茶流程图。至此，观众对于宋代茶文化的两大概念——点茶和斗茶有了初步的了解，但是无论是文字说明还是图表、线图都属于"静态"展示，这些展示很难在观众的脑海中形成直观的印象。而对于那些参观时间有限的观众来说，让他们仔细阅读文字和观看图表并不现实。为了让观众在短时间内迅速了解斗茶的操作手法，我们特别在展厅放映了由专业茶艺老师演示的点茶视频，"动态"的视频配合"静态"的版面展示满足了不同观众的观展需求。除了线图、图表、视频等辅助展品外，我们还对宋代点茶的场景（图十二）进行了复原，将实物展品置于其原生时代的复原场景中展示，营造出浓郁而又鲜明的历史文化氛围。宋代饮茶之风十分盛行，斗茶习俗就是随着当时的饮茶风尚而产生的。作为评判茶叶质量和比试点茶技艺高下的一种茶事活动，宋代"斗茶”活动具有浓厚的审美趣味。茶如隐逸，酒如豪士。茶的特点是清，宜于和人世间摆脱了名枷利锁的“清”相配，所以古人把品饮茶的嗜好称为“清尚”[8]，饮茶的环境氛围尤重清雅自然。为了突出宋代文人饮茶的氛围，我们在展厅里复原了宋代文人的书房场景，茶桌上的点茶器具，古朴窗户上投放的竹林剪影，博古架上的古籍和珍玩，所有的书房元素仿佛能将观众瞬间带回到千年前那个极尽风雅的时代。

中国人自古以来就格外重视长幼尊卑的次序，古代社会生活的各个方面都有着严格的礼仪惯例。座次的排列是古代宴饮礼仪的重要组成部分。在古代宴饮场合中，不论人数多少，均按尊卑顺序设席位，席上最重要的是首席，必须待首席者入席后，其余的人方可入席落座。这种宴席按入席者身份等级安排座次的礼俗一直影响至今。第五单元“礼始饮食”中的一个展示重点在于宴饮座次。如何将这一无实物展品支撑的内容形象地表现出来呢？如果仅仅依靠展板的文字介绍会显得寡淡无趣，展览信息的传播力会大大降低。为此，我们耗费了很大的心力依靠《史记》中“鸿门宴”座次的描写复原了当时的场景（图十三）。值得注意的是，此次复原的对象并不仅限于座次，《史记》中关于这场宴会的一切细节都是我们还原的目标：军帐、军旗、灯具、熏具、书架（含简牍、印章）、兵器架、铠甲架、人物服装及武器、饮食器具及菜肴等。不唯如此，鸿门宴上发生的经典故事情节都被我们反复打磨、倾力呈现。借舞剑之机意图刺杀刘邦的项庄，有意偏袒保护刘邦的项伯，心生惶恐、惴惴不安的刘邦，刚愎自用的项羽，老谋深算的范增，心事重重的张良，硬闯军帐的“莽夫”樊哙，所有人物的形象和动作都是经过精心设计的，甚至连范增用于提示项羽要下定决心诛杀刘邦的“玉玦”都出现在这个复原场景内。总之，此次场景复原成功地复原了这场发生在2000多年前的著名宴会，不仅将这场千古名宴上的布置、人物及其座次直观地表现出来，而且将宴会上的波谲诡云演绎得淋漓尽致。这种“动态”辅助展品的添加，为展览增色不少。

## 三、“人”“物”互动：还原历史 预见未来

2014年3月27日，国家主席习近平在巴黎联合国教科文组织总部发表重要演讲指出：“每一种文明都延续着一个国家和民族的精神血脉，既需要薪火相传、代代守护，更需要与时俱进、勇于创新。中国人民在实现中国梦的进程中，将按照时代的新进步，推动中华文明创造性转化和创新性发展……让收藏在博物馆里的文物、陈列在广阔大地上的遗产、书写在古籍里的文字都活起来。”

在笔者看来，盘活博物馆中的文物，需要设计人员增强展览中“人”与“物”的互动。伴随着博物馆事业的蓬勃

图十三 “鸿门宴”场景复原

发展，无论是展陈理念的提升，还是展陈手段的创新，博物馆的陈列展览始终处于不断发展变革之中。从早期的单一实物展品展示，如教科书一般传播展览信息，发展到现阶段越来越注重人与物的互动，倡导“以人为本”的策展理念，现代博物馆的展览多致力于搭建“人”（观众）与“物”（展品）之间沟通、交流的桥梁，追求多元化的核心价值，将灌输式说教的展览演变成观众可参与、体验与欣赏的文化艺术产品。

第一单元“食自八方”的“人”“物”互动在于“五谷”的实物展示区。一般认为，古代文献记载的“五谷”指的是稻、黍、稷、麦、菽，即指水稻、黄米、小米、麦类、豆类。《论语》云“五谷不分、四体不勤”，在展柜展出的“五谷”类文物为炭化后的谷物遗存，可观赏性不强，为此，我们在本单元展出了烘干后的“五谷”茎秆，使观众可近距离观察和直观感受各种谷物的颗粒特征，这种展示对于广大观众尤其是小朋友来说更具吸引力。而陪同小朋友前来参观的家长也可以趁机向小朋友教授农作物知识，丰富孩子们的知识积累。

第三单元“琳琅美器”的一处亮点在于“曲水流觞”体验区（图十四）。公元353年农历三月初三，东晋大书法家王羲之和当时的名士谢安、孙绰等42人，在会稽山阴（今浙江绍兴）的兰亭，举行了一次别开生面的酒会。他们面前是一条弯弯曲曲的溪水，水面上漂着一个有双耳的椭圆形酒杯，酒杯顺着清清的溪水漂流而下，漂到谁面前，谁就拿起一饮而尽，并要借着酒兴吟诗咏怀。这种独特的饮酒习俗盛行于汉魏至南北朝时期，被称为“曲水流觞”。“曲水流觞”之“觞”指的是“羽觞”，它是战国汉晋时期流行的一种饮酒器，因其形状呈椭圆形，两侧各附一半月形耳，就像一双羽翼，故名“羽觞”或“耳杯”。“曲水流觞”（或称为“兰亭雅集”“兰亭修禊”）这个典故一直是古代画家进

图十四　“曲水流觞”体验区

图十五　面食制作体验区

图十六　古人席地而食体验区

行艺术创作的绝佳题材。但很多明清绘画作品都将“曲水流觞”之“觞”的造型误绘为杯盏。为了消除这个“误会”，我们特地设置了一个“曲水流觞”展示台，展示台上铺陈了以国博馆藏绘画精品——明代佚名画家所作的《兰亭修禊图卷》为蓝本的喷绘桌布，将图卷中出现的错误“杯盏”用若干陶瓷质迷你“羽觞”覆盖住。此外，在展示台右上角展示了“羽觞”（湖南长沙马王堆汉墓出土的云纹“君幸酒”漆耳杯）的等比例仿品。这一做法一方面可将“曲水流觞”这一典故更加形象、直观地解释清楚，另一方面也使观众能够近距离鉴赏和把玩“羽觞”这一古代的精美酒器。

博物馆在人们心中已经不仅仅是讲经说道的场所，也不是简单地陈列一些文物、写一些高深得让人难以理解的说明给参观者看的场所，而是希望将展品和百姓生活真正结合起来，让参观者感受到它们曾活生生地存在于生活之中。[9]

展览第四单元“鼎中之变”的面点类展品组合展出了大家日常生活中的常见之物：漏勺、糕点模具、笼屉等，虽然相隔百年，但这些器物的造型一直延续至今，并无多少改变。为了增强观众的参与感，我们特地在面食展柜前设置了面食制作体验区（图十五）。参观者可以通过各类精美的面点模具制作自己喜欢的面点。展柜内的古代人物（正在制作面食的唐代女俑和宋代厨娘）与展柜外的现代面点大师仿佛在这一刻建立了跨越千年的联系，古老而熟悉的面点味道被记忆、模拟和回味，观众自由游走和穿行于古今之间，心中不免生出对先民们的感恩之情以及对生生不息的中华文化的崇高敬意。展览第四单元“鼎中之变”的设计亮点在于现代面条与4000多年前古代“面条”的“对话”。展柜中展出了一幅出土于青海民和喇家遗址的4000多年前的古老面条的照片。此面条由小米面和黍米面制成，虽然面条的具体加工流程尚不清楚，但可以肯定古代先民已经掌握了对植物籽实进行脱粒、粉碎、成型等一系列技术，这碗面条在中国乃至世界食物史上具有重要的历史地位，它的出现为人类的饮食生活增添了丰富的内容。为了引起观众对展品的共鸣，我们别出心裁地在展柜外的展示台上展出了现代面条的模型。由于面食制品的特殊性，考古发现中很难留存下实物，为了弥补这一缺憾，我们通过古今面条的“对话”，拉近展品与观众之间的距离，使观众能够真切感受到中国古代饮食文化的源远流长以及古代先民们的卓越智慧和非凡创造力。

展览第五单元“礼始饮食”中还有一个古人席地而食体验区（图十六）。根据汉代壁画和出土幄帐帐构等考古资料，我们对汉代宴饮场合出现的家具（包括幄帐、莞席、曲足桯）进行了复原，配合当时典型的饮食器具复制品（食案、耳杯、漆盘、漆壶、箸）以及宴饮人物形象（纸板人），观众可以体验隋唐以前的古人们席地而食的进食方式。

要言之，展览中的“人”“物”互动可以在尊重史实的基础上让展览变得“鲜活”起来，使观众能够有“重返历史”之感。一个好的展览带给观众的并不限于一些简单的认知，而是思想感情上的共鸣及寻找自我、产生思考的契机。如同电影等很多艺术门类一样，展览本身也是遗憾的艺术，受到各种因素的制约，每一次的展览都会有种种遗憾和不足。对于展览设计者来说，应该具有广阔的胸襟、开放的思维及创新的精神，主动走下学术殿堂，为观众打造有筋骨、有血肉的灵性展览，而非冗长枯燥的立体论文。相信一个充盈着情感张力和文化底蕴的展览更能打动观众的内心，感受展览设计者精心传递出的信息。衷心希望所有参观本次展览的观众都能获得愉快的观展体验，在展览中找到属于自己的故事。更好的展览永远是下一个，让我们相约在下一次展览中“惊喜邂逅”！

参考文献：
[1] 赵荣光：《中华饮食文化概论》，北京：高等教育出版社，2018年，第4页。
[2] 杨泓：《逝去的风韵——杨泓谈文物》，北京：中华书局，2007年，第26页。
[3] 徐海荣：《中国饮食史（卷一）》，杭州：杭州出版社，2014年，第70页。
[4] 王仁湘：《味无味：餐桌上的历史风景》，成都：四川人民出版社，2013年，第135—136页。
[5] 王思渝、杭侃：《观看之外：十三场博物馆展览的反思与对话》，北京：文物出版社，2020年，第150页。
[6]［美］爱德华·P.亚历山大，［美］玛丽·亚历山大：《博物馆变迁》，陈双双译，南京：译林出版社，2014年，第205页。
[7] 严建强：《信息定位型展览：提升中国博物馆品质的契机》，《东南文化》2011年第2期，第7页。
[8] 王学泰：《中国饮食文化史》，北京：中国青年出版社，2012年，第179页。
[9] 姚安：《博物馆策展实践》，北京：科学出版社，2010年，第81页。

# 食自八方

中国是粟、稻两种主要农作物的发源地，也是最早驯化犬、猪等家畜家禽的地方，距今五千年前后我国还陆续从西亚等地引进了羊、牛、马、小麦等。由此，中国人多种粮食加肉食的饮食格局，早在远古时期便已形成。相较于西方的肉食型食物结构而言，中国人的杂食型食物结构更为科学合理，它能使人体从各类食物中获取丰富而均衡的营养成分，也充分体现了中华饮食文化多样而统一的特征。

## 膳食之主

五谷原指五种主要的粮食作物，一般认为包括稻、黍、稷、麦、菽，分别指水稻、黄米、小米、麦类、豆类。稷即粟，在中国古代被称为五谷之神，与土神合称『社稷』，成为国家的代称。随着作物品种增多，五谷逐渐演化成粮食作物的统称。现代比较重要的粮食作物是稻、麦、玉米、甘薯、大豆等。其中，玉米和甘薯原产于美洲，明朝中期开始在我国种植，到了清朝前期，已经遍布我国大部分地区。

**谷壳烧土**

新石器时代　屈家岭文化
约公元前3000—前2500年
长15厘米、宽13厘米、厚7厘米

五谷中稷的学名是粟，俗称谷子；黍的学名就是黍，也称糜子。由于这两种谷物的籽粒都非常细小，所以被统称为小米。考古发现表明，中国古代农业的一大特点就是南方种水稻，北方种粟和黍两种小米。

**炭化谷粒**

新石器时代　小珠山文化
约公元前4500—前2500年
玻璃瓶直径6厘米

目前考古发现的最早的栽培小米出自北京门头沟的东胡林遗址，年代在距今9000到10,000年间，这也是目前世界上发现的最早的小米籽粒。另外，在内蒙古赤峰敖汉旗的兴隆沟遗址，通过浮选出土了大量的距今约8000年的小米，以炭化黍粒为主。

炭化黍

距今约7600年

内蒙古赤峰兴隆沟遗址浮选出土

炭化粟

距今约6000年

陕西西安鱼化寨遗址出土

### 炭化稻 1

新石器时代　河姆渡文化
约公元前5200—前4200年
浙江余姚河姆渡出土

水稻起源于中国，其作为当今世界最重要的粮食作物养活了世界将近一半的人口，是我国古代先民对世界做出的巨大贡献。考古证据表明水稻的驯化及稻作农业的耕作方式，在距今1万年前后就已经出现在中国的长江中下游地区。

### 炭化稻 2

新石器时代　良渚文化
约公元前3300—前2200年
浙江省文物考古研究所藏
良渚古城莫角山西坡出土

良渚文化时期，稻作农业已经有了长足的发展。作为主食的稻米，在良渚古城遗址中有多处发现。莫角山高台附近曾出土了上万斤的炭化稻米堆积，证明这里应是当时的一处粮仓。

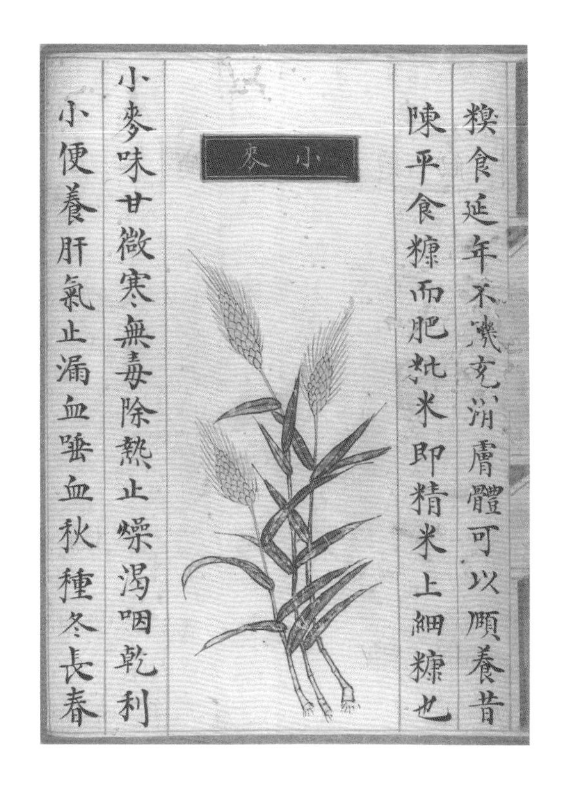
小麥

小麥味甘微寒無毒除熱止燥渴咽乾利
小便養肝氣止漏血唾血秋種冬長春

糗食延年不饑充滑膚體可以頤養昔
陳平食糠而肥粃米即精米上細糠也

## 小麦

小麦是世界上普遍种植的粮食作物，原产地为两河流域。至迟在5000年前的新石器时代晚期我国已经开始种植小麦。中国自古有粒食的传统，麦子粒食口感不及小米，所以秦汉之前的人们仍以粟为主要农作物。秦汉以后，在北方，黍、粟的主食地位逐步让位给麦。隋唐之后，小麦为主的麦类作物的地位上升，已经与粟类作物并驾齐驱，并显示出领先的趋势。

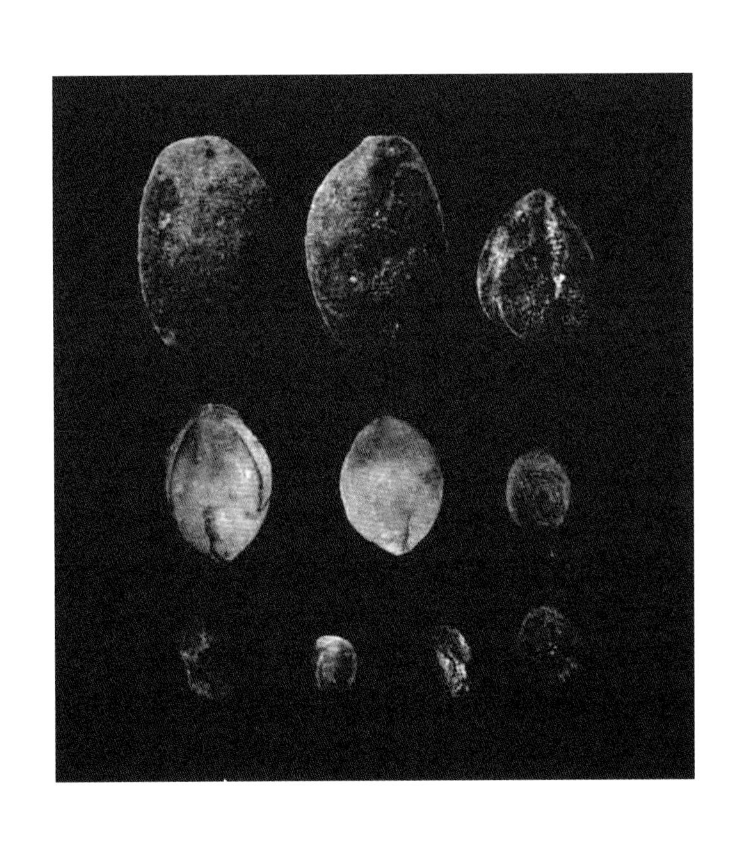

## 新疆吉木乃通天洞遗址出土的小麦

在该遗址考古发掘中，通过浮选得到了炭化的小麦、青稞，测定年代距今5000—3500年，这是目前中国境内发现的年代最早的小麦遗存。

## “大豆万石”陶仓

汉（公元前202—公元220年）
高63厘米、口径19厘米、底径34.8厘米

一般认为，大豆起源于中国。随着粟、麦、稻主导地位的确立，大豆逐渐由主食转向副食。这个变化对后世的饮食结构产生了重大影响。

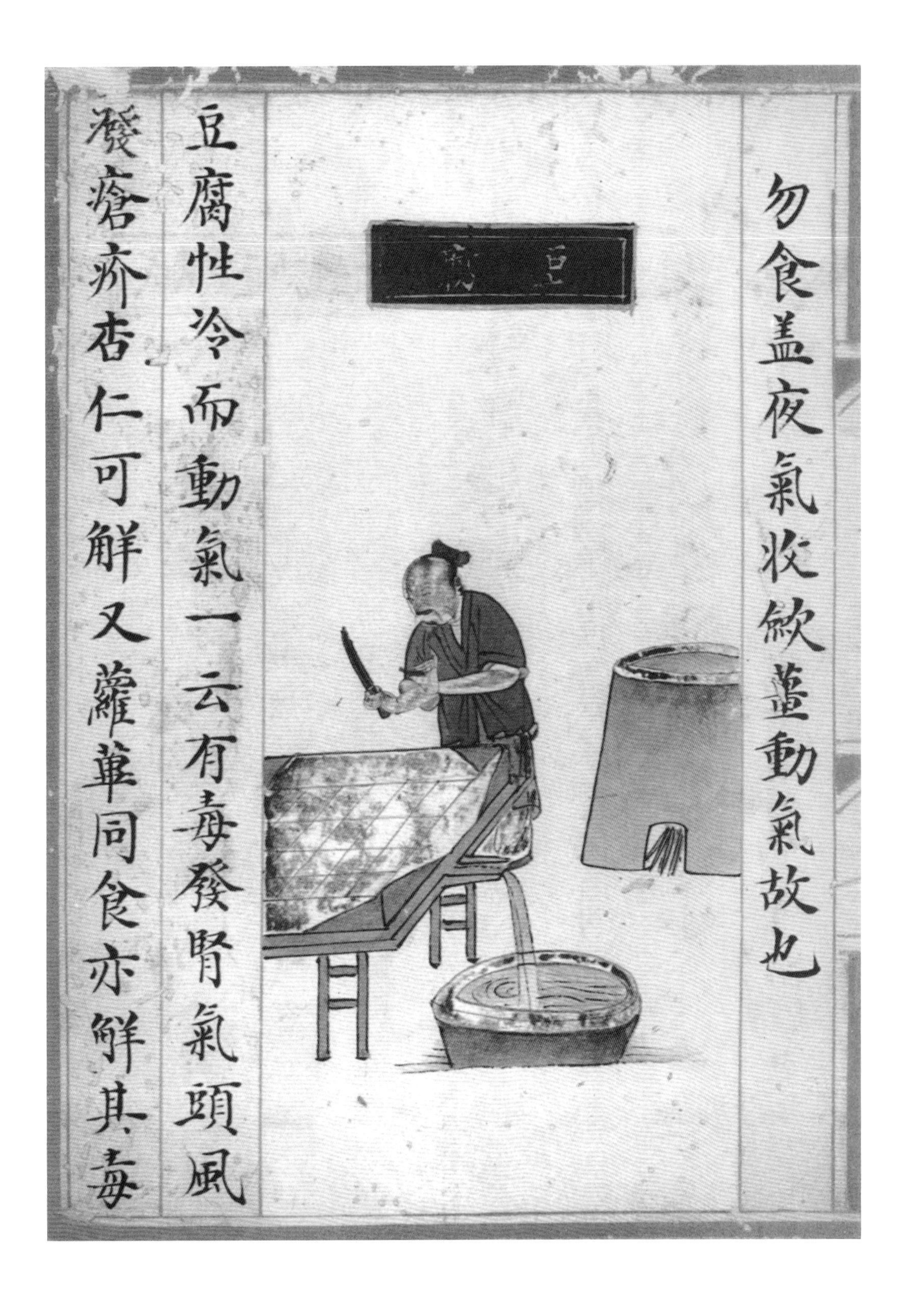


### 豆腐

豆腐营养丰富、价格低廉，是我国独创的一种副食品。作为人类最早摄取的富含植物蛋白质的食物之一，豆腐在中国乃至世界饮食史上都具有重大意义。关于豆腐发明的具体时间目前尚存争议，有汉代说、隋唐说等。

**嘉量**

新朝（8—23年）
高26.1厘米、口径32.8厘米

嘉量是新莽时代制定的谷物计量标准器，以龠、合、升、斗、斛五量俱全，故名嘉量。王莽建立新朝，托古改制，改革度量衡是其政治举措之一。具体计量方式为：二龠为合，十合为升，十升为斗，十斗为斛。

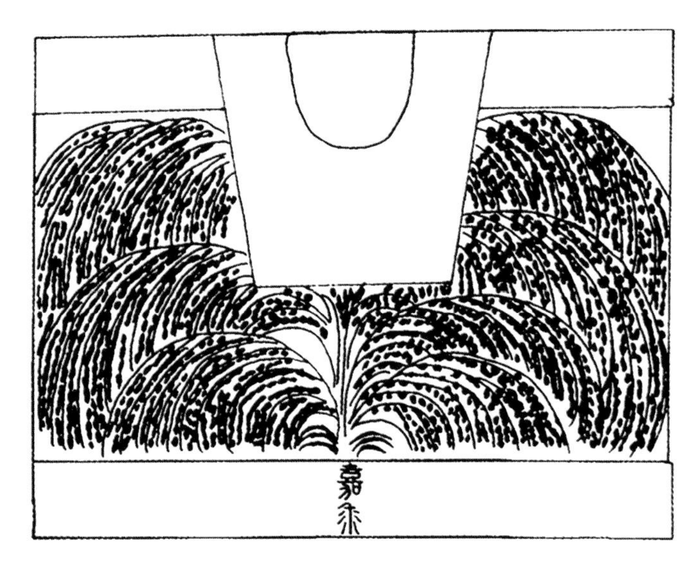

后壁嘉黍纹样及铭文

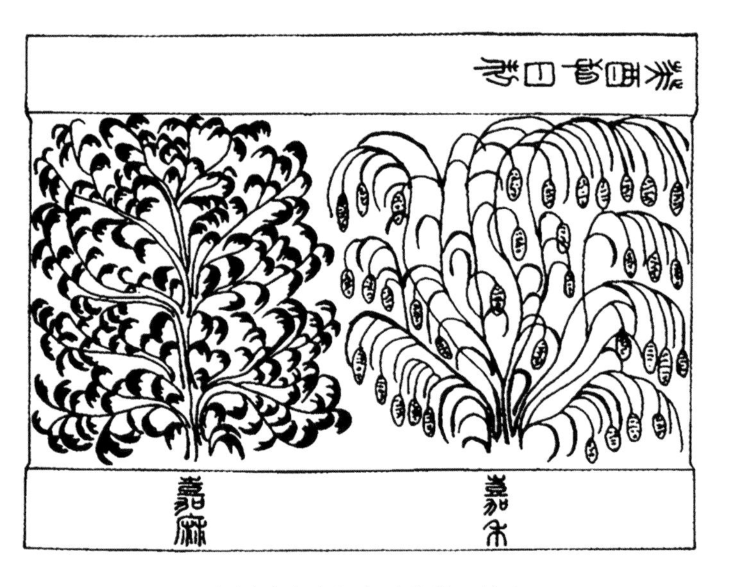

左侧壁嘉麻与嘉禾纹样及铭文

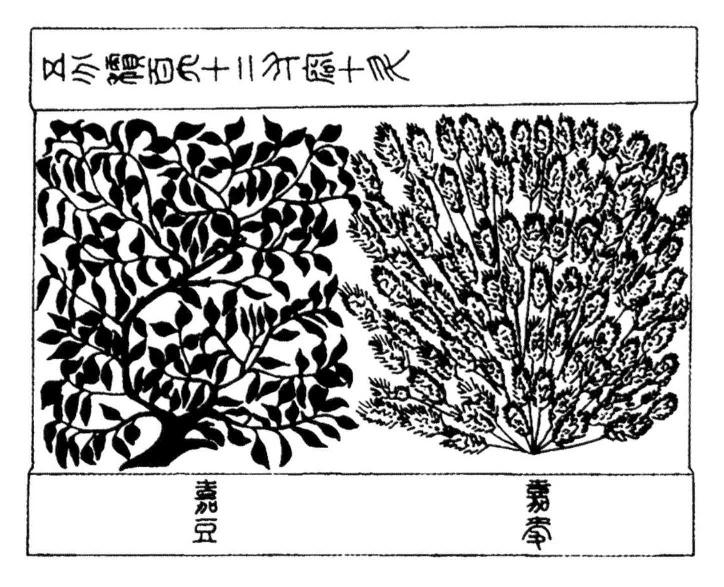

右侧壁嘉豆与嘉麦纹样及铭文

**铜方斗上的粮食作物纹样**

铜方斗

新朝，中国国家博物馆藏

**彩绘陶仓**

东汉（25—220年）
高77厘米
河南荥阳出土

此陶仓模型分为上下两层，上层开有5扇窗户，下层高于地面，底部有5个圆孔，上下层之间用平座相隔。陶仓四壁有彩绘图像，其中正面平座上方彩绘养老图（一说收租图），中间跪坐者是老者，左边两人为朝廷官吏，右边两个侍从中有一人手提粮袋，表示朝廷赐给老者粮食；平座下方彩绘观舞情景；两侧山墙各彩绘一人，楼背后绘有怪鸟搏斗的场面。

汉代已有一套科学的粮食仓储方法：一般按种类储藏粮食；同一种粮食根据已舂和未舂的情况，会采用不同的仓储方式；注重粮仓通风防湿，仓门前有台阶，仓底高于地平面。为了防止粮食被盗，有的仓楼底层设有围墙、阙形门等，有的在高层风窗上安排家兵防守。

**黄釉陶仓**

汉（公元前202—公元220年）
高31厘米、宽22.5厘米、底径17.2厘米

先秦时期著名的思想家管子曾有名言："仓廪实而知礼节，衣食足而知荣辱。"仓廪是谷物存储之地，谷藏曰"仓"，米藏曰"廪"。秦汉时期，对粮仓的保卫，有种种严明的规定。除了高筑粮仓围墙、豢养狼犬看护粮仓、严闭仓门等，秦律中还有防潮、防火、防盗及防鼠雀虫害等各项规定。

**汉代"五谷满仓"瓦当**

"五谷满仓"寄寓了人们对谷物丰收的期望。

**石磨盘、石磨棒**

新石器时代　裴李岗文化
约公元前7000—前5000年
石磨盘长51.7厘米、宽25.5厘米
石磨棒长38厘米

石磨盘、石磨棒是谷物加工工具，可使谷物脱壳或粉碎，也用于加工、碾碎坚果，一器多用。谷物的果实多有硬壳，无法直接食用，一般得经过脱粒除壳等加工步骤才能使其变成能烹煮的“粒食”。

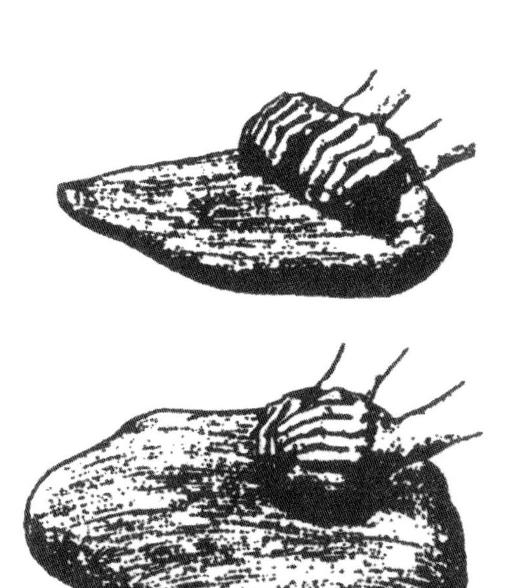

石磨盘、石磨棒使用图

## 石杵、石臼

新石器时代　龙山文化
约公元前2500—前2000年
杵长13厘米、径4.5厘米
臼长30厘米、宽23厘米

石杵一般和石臼配套使用，是继石磨盘之后不久出现的重要的谷物脱壳加工工具。杵臼加工可以使谷物在脱壳过程中较少散落、丢失。

## 绿釉陶磨

汉（公元前202—公元220年）
通高12.1厘米、直径14厘米

磨是比杵、臼更为先进的谷物加工工具。它由上下两扇带齿纹的扁圆形石饼块组成，上扇有投放谷物的孔，将谷物投入孔中，上扇转动便能磨碎谷物。磨的动力，初为人力，后又有畜力、水力、风力等。磨最早出现于战国晚期，到西汉时已普遍推广至南北各地，作为明器模型在汉墓中出现较多。这类明器的组合往往是仓、灶、厕、磨、楼及家禽家畜等，对了解当时的社会生活具有重要意义。

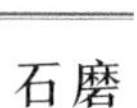

**石磨**

西汉，河北博物院藏

## 黄釉陶碓

隋（581—618年）

通高5.5厘米、长15.8厘米、宽7.3厘米

碓是给谷物脱皮的工具，大约发明于西汉时期。其工作原理与杵臼相近，只是用足踏代替了手杵，不仅省力，而且工作效率也得到大幅提高。因为是用足踏，所以这种碓又名践碓。

汉代舂米画像砖上的践碓形象

# 六畜三牲

六畜一般指马、牛、羊、猪、狗、鸡，是古人摄食肉类的主要来源。马主要用于运输，属于重要的物资，用作肉食的机会相对较少。牛、羊、猪用于祭祀，称为『三牲』。牛是古代的高规格肉食，《礼记》中有『诸侯无故不杀牛』的规定。《史记》记载，有一位名叫魏尚的将军抵御匈奴时，为了激励士气，五天杀一头牛给军士吃。于是，军士奋勇杀敌，以致『匈奴远避，不近云中之塞』。

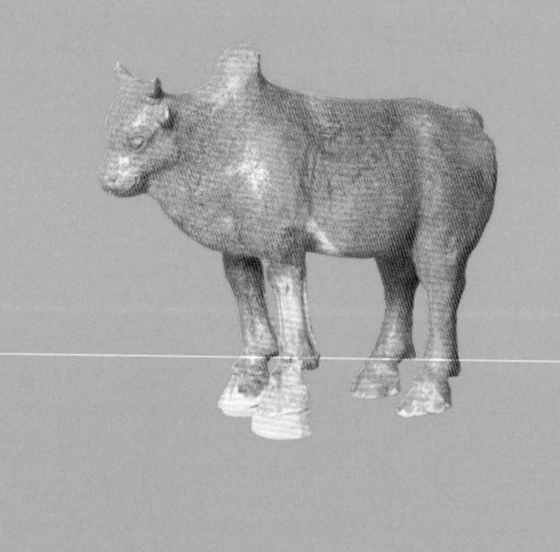

## 陶黄牛

隋（581—618年）
高19.8厘米、长23.5厘米

上古时期牛主要用于食用或祭祀。春秋中后期，随着牛被用作耕畜，其肉食作用下降，故《礼记》中才有“诸侯无故不杀牛”的记载。隋唐时期，一方面，以农为本的基本国策使养牛业备受重视；另一方面，北方和西部游牧民族的频繁内迁，使大批牛、羊进入内地，养牛业和养羊业都迅猛发展，并从此长盛不衰。综观中国古代社会，牛肉在整个肉食资源中的比重始终稳定地排在猪肉、羊肉之后，在人们的饮食生活中发挥着重要作用。

### 彩绘陶山羊

西汉（公元前202—公元8年）
高30厘米、长37.6厘米、宽12.8厘米
汉景帝阳陵博物院藏

在汉代，上自帝王贵胄，下至平民百姓，都很喜爱胡食。胡食中最著名的肉食，首推“羌煮貊炙”，羌和貊代指古代北方的少数民族，煮和炙指的是具体的烹调技法。“羌煮”是指从西北诸羌传入的涮羊肉，“貊炙”是指从东胡族传入的烤全羊。

### 彩绘陶绵羊

西汉（公元前202—公元8年）
高36.5厘米、长43厘米、宽13.2厘米
汉景帝阳陵博物院藏

在中国古代，羹食在膳食中占有较大的比重，“羹”字从羔从美，也许是古人觉得用羊羔肉煮出的羊羹味道最为鲜美，所以也成就了这“羹”字。居延汉简中有大量关于羊的买卖记录，说明河西屯戍地区的吏卒有大量的羊肉可供食用。长沙马王堆汉墓出土遣策上记载了关于“羊膳”的名称，如羊大羹、羊逢羹、羊腊等。

## 青釉羊圈

汉（公元前202—公元220年）
高12.2厘米、长19厘米、宽15.2厘米

新石器时代的龙山阶段，人们的膳食中就有了用家羊肉烹调的美味。先秦时期，羊是贵族阶层最平常的肉食，他们在祭仪中也广泛用羊作牺牲。汉代的养羊业十分繁荣。史籍记载，很多人家因拥有“千只羊”而“富比千户侯”。另外，汉武帝反击匈奴取得胜利后，匈奴的马、牛、羊络绎入塞，也使汉代养羊业发展迅速。羊肉在汉代仍是肉食中的上品，常被当作奖赏赐给致仕和患病大臣、博士、乡里的道德楷模等。

**白釉陶卧羊**

唐（618—907年）
高11.1厘米、长15.1厘米

羊肉是隋唐时期最大宗、最受欢迎的肉类，宫廷、官僚均以羊肉为食，羊的消费量很大。据史籍记载，李抱真任昭义节度使时，每日消费羊的数量多达30余只。《云仙杂记》记载了一道名为“过厅羊”的名肴，即宴会时在客厅宰杀羊，由客人自选羊的部位，并系上彩锦作记号，羊蒸熟后，客人可取食自选的那部分羊肉。

**宰羊场景**

甘肃嘉峪关魏晋墓出土

据《战国策》记载，一次中山国君宴请士大夫们，一个名叫司马子期的人由于在宴席上没有吃到喜爱的羊肉羹而怀恨在心。他一气之下跑到了楚国，请楚王派兵讨伐中山国。兵临城下，中山国君弃国出逃，中山国灭亡。一碗羊肉羹竟然导致灭国，实在令人唏嘘。

## 彩绘陶家狗

西汉（公元前202—公元8年）
高20.4厘米、长30.3厘米、宽10厘米
汉景帝阳陵博物院藏

狗是我国最早驯化的动物之一。早在商周时期，狗肉便是宫廷宴席、祭祀活动中不可缺少的美味，秦汉时已有专业的屠狗者出售狗肉。战国时四大刺客之一的聂政就长期从事屠狗事业，他的雇主第一次来请他刺杀时，聂政表示卖狗肉的收入足以养家，且家有老母需要奉养，因此拒绝了对方百金高价。西汉开国虎将樊哙发迹之前也是开狗肉铺子的，可见当时狗肉生意相当吃香，屠狗之辈俨然成了大隐于市的英雄群体的代称。马王堆汉墓遣策简中记载了许多关于狗肉的料理，如狗巾羹（狗肉芹菜羹）、狗苦羹（狗肉苦菜羹）、犬肝炙（烤狗肝）等。

## 彩绘陶狼狗

西汉（公元前202—公元8年）
高19.1厘米、长32.4厘米、宽9.1厘米
汉景帝阳陵博物院藏

秦汉以后，中国绝大部分地区逐渐弃绝食用狗肉之习。据学者推测，原因有以下几点：其一，一般人在节庆、祭祀时才能吃到肉，狗不是祭祀的大牲，故吃它的机会就较少；其二，狗是人们最忠实的伙伴，人们不忍杀害这种忠诚度极高的动物；其三，狗生长的速度相对缓慢，成本较可以放养、自行啄食的鸡、鸭要高，其供肉量又远不及猪。鉴于以上种种原因，人们渐渐放弃了食用狗肉。

**陶猪**

汉（公元前202—公元220年）
长29.5厘米、高16.2厘米

从古至今的文献，凡是提及“肉”字，大多数情况只指猪肉而言。为何猪肉可以打败其他肉类，成为中国人餐桌上最重要的肉食种类呢？这个原因是多方面的，比如牛有拉犁耕田的大用；马是重要的军事物资；羊的饲养则与农业的发展有冲突；犬则个体不大，成为人们看家的宠物良伴。只有猪的饲养不妨害农业的发展，供肉的经济价值一直保持不变，于是，秦汉以后，猪就成为中国人最重要的肉食来源并一直延续至今。

**秦更名简**

湖南龙山里耶古城遗址出土的“秦更名简”记录了秦朝在新政治形势下的更新制度、更新名物之举。在这份“秦更名简”中，赫然规定：将家庭圈养的牲畜猪改名为秦人惯用的彘。可见，秦始皇统一文字的目标不仅是异形的六国文字，还包括异体字、方言乃至不一致的名号称谓。史籍表明，秦汉时期，对猪的名称并未统一，称猪、彘、豕、豚都是可以的。禽畜饲养是秦汉时期县仓的重要职能之一，在对仓官进行考课的文书中，猪等牲畜家禽的“产子”“死亡”情况是仓畜养业绩考核的重要内容。

## 青釉猪圈

西晋（265—317年）
高6.8厘米、口径13厘米

猪在古代又被称为彘、豕、豚等。史籍记载表明西汉时期已出现大规模的养猪专业户，并由此发家致富。由于养猪业的迅速发展，猪成为汉晋时期人们饮食生活中的重要肉食来源。

宰猪场景

甘肃嘉峪关魏晋墓出土

**黄釉陶鸡**

西汉（公元前202—公元8年）
高20.7厘米、宽16厘米
陕西西安沙霍村出土

秦汉时期，鸡、鸭、鹅已成为当时的三大家禽，鸡、鸭、鹅及其笼舍的明器是汉墓的常见随葬品，其中，鸡是三大家禽中最重要的。与饲养成本和获取难易程度有关，鸡和鸡蛋是秦汉人经常食用的肉蛋类食物。根据传世文献的记载，汉代民间养鸡业极盛。如《西京杂记》记载，关中人陈广汉家中有“鸡将五万雏”，可谓规模宏大。《列仙传》还记载了一位名叫“祝鸡翁”的洛阳地区的养鸡专家，称其“养鸡百余年，鸡有千余头，皆立名字。暮栖树上，昼放散之。欲引呼名，即依呼而至……”

## 青釉鸡笼

西晋（265—317年）
高6.7厘米、长15.2厘米、宽11.7厘米

养鸡业自先秦以来长盛不衰，汉晋时期，养鸡技术较此前有了很大的提高，由放养转为圈养，使死亡率降低，成熟期缩短。由于量多价低，鸡肉成为普通百姓餐桌上的首选肉食。

洗烫家禽场景

甘肃嘉峪关魏晋墓出土

## 绿釉陶鸭 1

汉（公元前202—公元220年）
高13.2厘米

家鸭是从野鸭驯化而来的。早在新石器时代，家鸭已驯养成功。西周的青铜器中常有鸭形尊出土，反映出当时鸭的饲养已较普遍。

在先秦古籍中，鸭称作凫（即野鸭）。至秦汉时期，鸭与鸡、鹅已成为三大家禽。汉代养鸭业极盛，各地汉墓中常用陶鸭随葬。《风俗通义》记载汉时人创造了用母鸡孵鸭蛋的寄孵法。此外，还曾有《相鸭经》一书，惜已失传。

## 绿釉陶鸭 2

唐（618—907年）
高8.5厘米

唐代是我国养鸭业从一家一户分散饲养向专业化饲养的转折点，出现了以养鸭为生的人以及大群放牧的饲养方式。史籍记载，唐代养鸭业很兴盛，苏杭一带“产业论蚕蚁，孳生计鸭雏”；又云“震泽之南，……绿头鸭、水禽，村人皆养之”。

## 彩绘陶雁

汉（公元前202—公元220年）
高25.4厘米、长18厘米、宽12厘米

春秋时期的曾侯乙墓中即有雁的遗骸，野生禽类动物也是汉代人的肉食来源之一。马王堆汉墓遣策记载的野生禽类有雁、鹤、鸳鸯、斑鸠、鷓鸪等。一般而言，长江流域及其以南地区野生禽类较多，黄河流域及其以北地区野生禽类种类相对较少，故相应的取食内容亦呈南多北少之态。

**陶鱼**

汉（公元前202—公元220年）
长12.6厘米

从原始狩猎文明开始一直到工业文明发达的现代，鱼始终与中国人保持着十分密切的关系，一方面鱼以其食用价值，为人们物质生活提供了餐桌上的美味佳肴；另一方面鱼又以其幸福、吉祥的象征，渗透到人们祭祀信仰、风俗习惯、文化艺术等诸多精神文化领域。

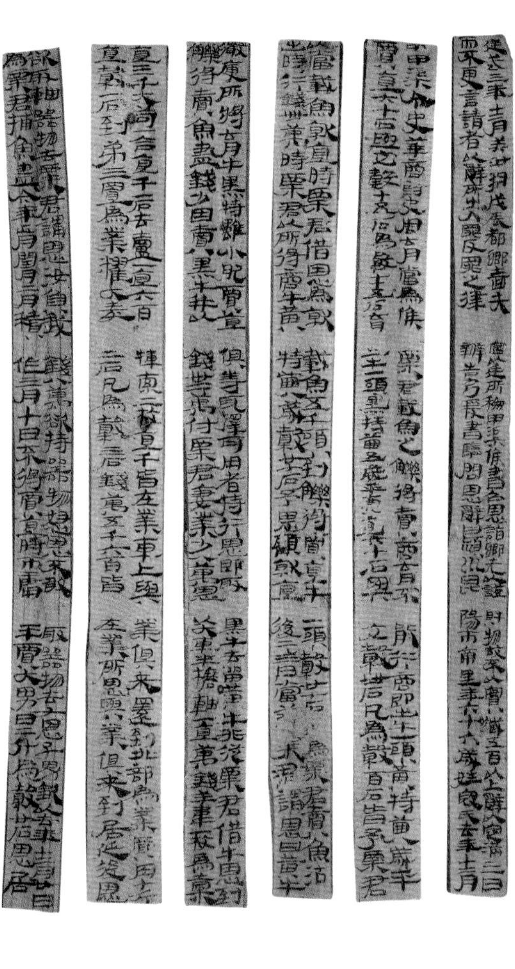

“建武三年候粟君所责寇恩事”简册

此为居延汉简中涉及5000条鱼贩卖纠纷的司法文书。汉代西北地区竟有数量如此庞大的贩鱼记载，这表明当地渔业资源较丰富，居民日常生活中经常有鱼可供食用。

汉代收获渔猎画像砖

# 蔬鲜果芳

蔬果自古以来就是人们饮食结构中的重要组成部分。秦汉时期延续并发展了春秋战国时期的蔬果种植格局，努力将野生蔬果转化为人工栽培的蔬果，蔬果的专业化经营和商品化程度大大增强。秦汉以后至明清时期，随着大一统王朝的建立和中外交往的日益紧密，异域的蔬果不断被引入内地，成为古代中国蔬果的重要来源。

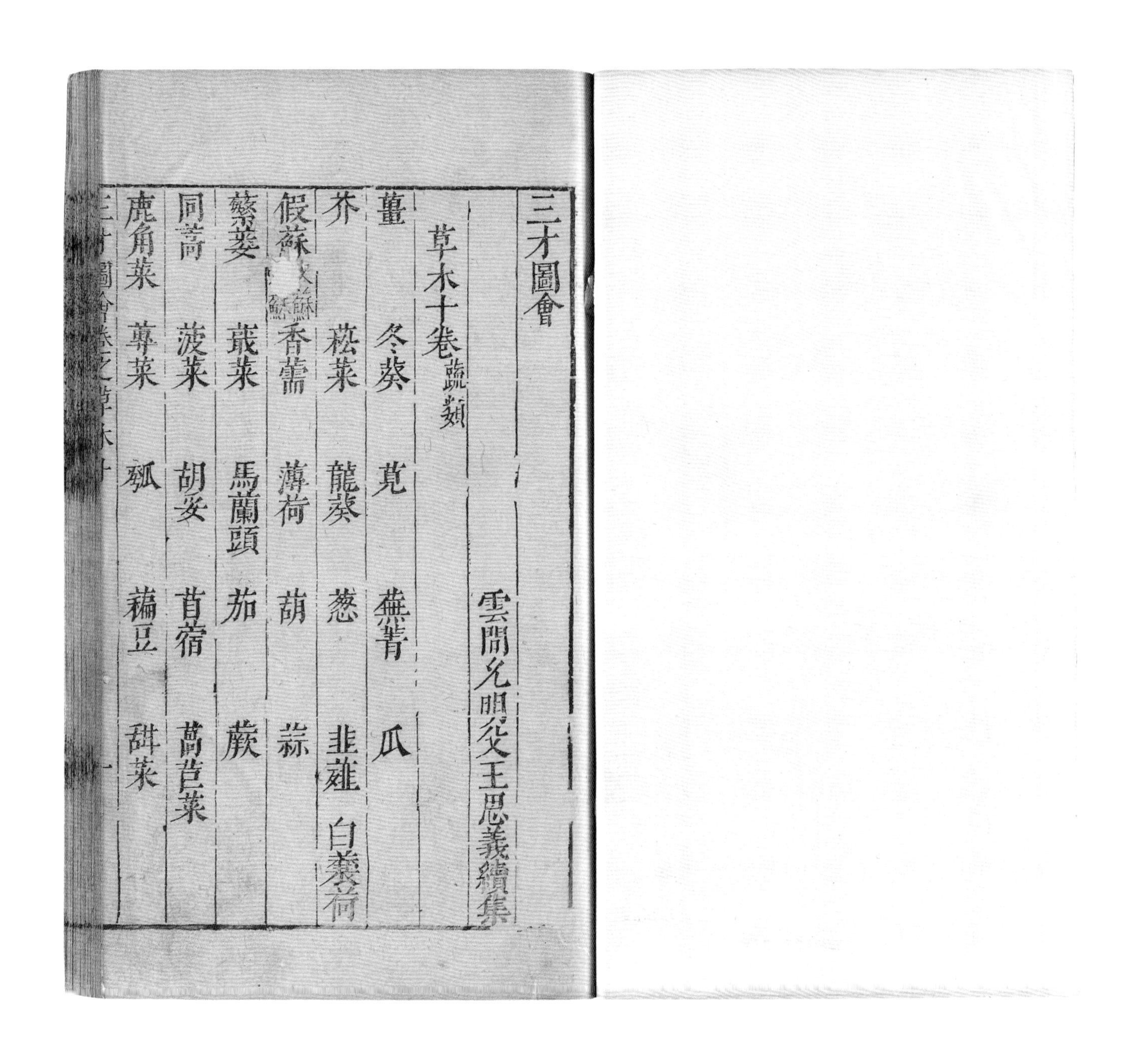
三才圖會

草木十卷 蔬類　　雲間允明父王思義續集

薑　冬葵　莧　蕪菁　瓜

芥　菘菜　龍葵　葱　韭薤　白蘘荷

假蘇（紫蘇 水蘇）　香薷　薄荷　葫　蒜

蘩蔞　蕺菜　馬蘭頭　茄　蕨

同蒿　菠菜　胡荽　苜蓿　萵苣菜

鹿角菜　蓴菜　瓠　藊豆　甜菜

《三才图会》

成书于明（1368—1644年）

《三才图会》又名《三才图说》，是由明朝人王圻及其儿子王思义撰写的百科式图录类书。书分14类，依次为天文、地理、人物、时令、宫室、器用、身体、文史、人事、仪器、珍宝、衣服、鸟兽、草木。此书汇集诸家书中有关天地诸物图像，“图绘以勒之于先，论话以缀之于后”，对每一事物皆配有图像，然后加以说明。此书草木类中记录了中国古代重要的蔬果品种，如葱、瓜、韭、莲藕、菠菜、茄子、芋、瓠、葡萄、李子、柰、荔枝、樱桃、枇杷、龙眼等。

## 菘

菘即后世的白菜，它的人工栽培是中国植物史上一个具有重要意义的事件。汉代的菘尚是较为原始的白菜，品质较现代的白菜相差甚远。经过劳动人民辛勤培育，菘在南北朝时期大放异彩。在时人的眼中，秋末的菘菜和初春的韭菜并列为菜中美品。唐宋时期，菘的栽培又有了新的进展。尤其到了宋代，菘的优良品种已经培育成功，新品种的菘结实、肥大、高产、耐寒，并且滋味鲜美。苏轼曾用“白菘类羔豚，冒土出熊蹯”之句来赞美它，熊蹯意为熊掌，这里把白菘比作和熊掌一般的美味了。到了明清时期，菘的培育更为普及和成熟，几乎现存的明清所有地方志中，都记录了对白菜的栽培，其地域由北及南，遍布中国广大地域。白菜至今仍为我国北方冬春季节的当家菜，供应的时间长达五六月之久。

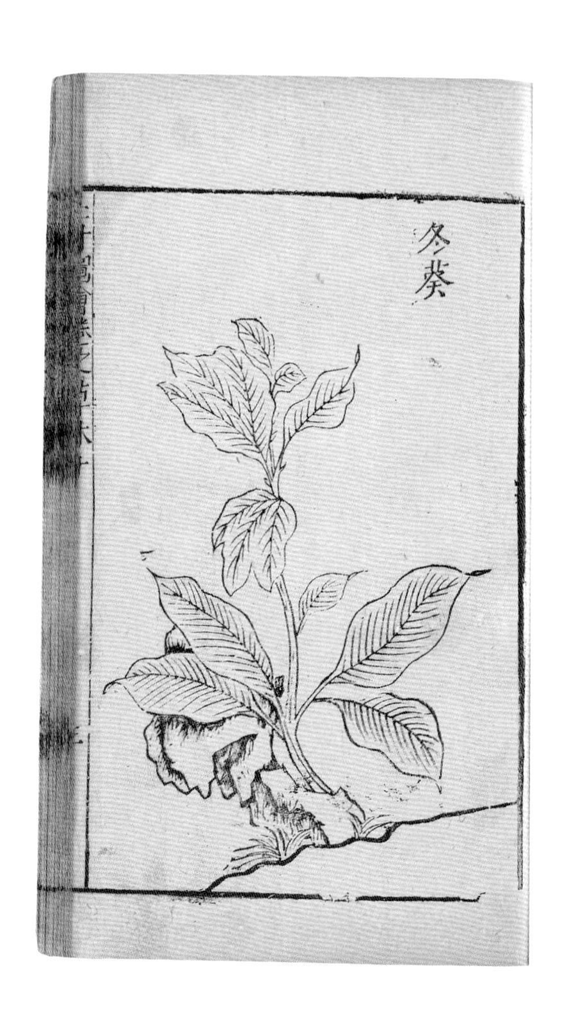


## 葵

葵又名“冬寒菜”，由于其口感柔滑，故又名“滑菜”，是最早的人工栽培蔬菜种类之一。《诗·豳风·七月》有“七月烹葵及菽”，葵与菽并称，可见其在食物序列中位置不凡。葵的人工培育可能不晚于西周时期已基本完成。大约战国以降，食用葵则全由人工栽培了。葵菜在战国秦汉时期盛极一时，汉乐府《长歌行》中“青青园中葵，朝露待日晞”的记载就是当时农家普遍种植葵菜的真实写照。

葵菜的地位在南北朝时期仍然很高。贾思勰《齐民要术》将“葵”列为蔬菜的第一篇，栽培方法也记载得非常详细，反映出葵在当时的重要性。值得注意的是，“葵”在元明以后逐渐走向没落了。元代的《王氏农书》还说葵是“百菜之主”，但明代的《本草纲目》已把它列入草类，现代蔬菜栽培学书中也没有葵的章节。现在，在江西、湖南、四川等地仍有“葵”被栽培，不过它的地位已远远不如古代重要了。

## 胡荽

胡荽即芫荽，今日所谓的香菜，原产于中亚地区。《齐民要术》谓张骞出使西域“得胡荽”。胡荽是调味蔬菜之一，《齐民要术》中记载了一款胡羹的制法中就用胡荽调味。由于胡荽气味辛温，有发汗、透疹、开胃之功，因此也可入药。

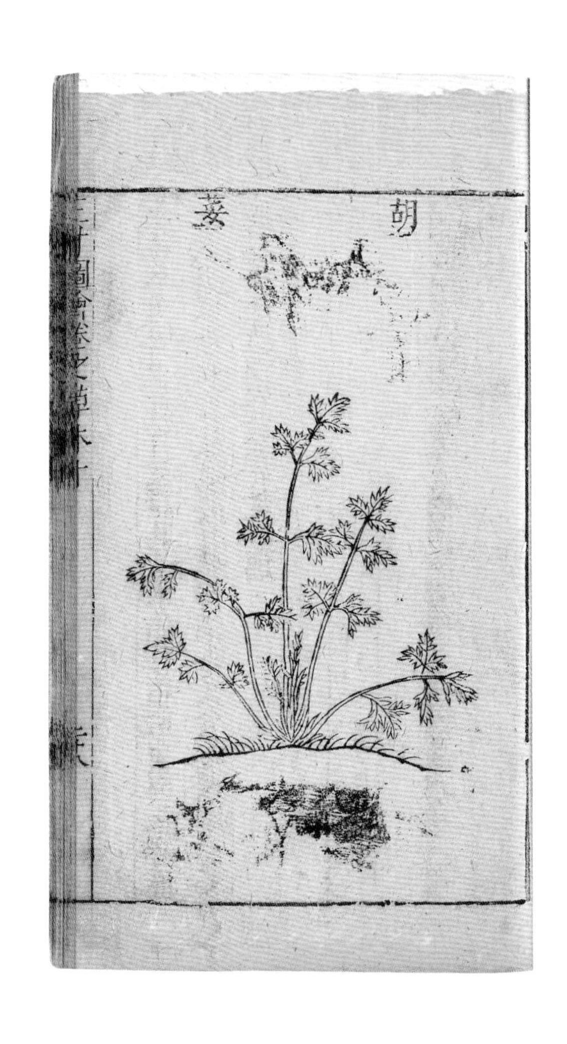

## 藕

此为马王堆一号汉墓所出藕的实物。《汉乐府》云“江南可采莲，莲叶何田田”，说明江南地区广泛食用藕。藕是睡莲科莲属水生植物的地下茎部。四川出土的汉代画像砖的采莲图，形象地展现汉代人取藕的场面。马王堆汉墓遣策所载“鲭禺肉巾羹”中的“禺”指的就是藕，这道菜翻译过来就是鲫鱼、藕和芹菜一起煮的羹。藕在北方和南方多水地区均有分布。司马相如《子虚赋》“咀嚼菱藕”描绘的是关中地区的情形。

**供食具**

明（1368—1644年）
山西晋城出土
盘径12厘米

此套供食具是专为墓主人烧制的随葬品。十一个绿釉陶碟分别装有鸡、鱼、蔬菜、水果及糕点等食品。供碟中食品应是当时饮食生活中常见之物。《黄帝内经》云："五谷为养，五果为助，五畜为益，五菜为充。"在这众多的食物中以谷物为主，菜蔬果肉为辅，是中国人沿袭数千年的饮食结构。

## 《食物本草》

成书于明（1368—1644年）

《食物本草》是明朝皇家食物本草养生的集大成者，是明代宫廷书画师根据医学典籍写就和绘制的食物本草图谱，是研究古代食疗养生的重要参考文献，全书分水、谷、菜、果、禽、兽、鱼、味八类，详述其性味、功效、适宜病症、用法及禁忌等，体现了中国古人医食同源、草本养生的饮食思想。

## 枇杷

2004年，湖北荆州纪南镇松柏1号墓出土了一片重要的木牍，整理者将其定名为《孝文十年献枇杷令》。这是首次发现汉时地方水果向皇帝运送方式的记录。牍中记录时代是“孝文皇帝十年”，即汉文帝前元十年（公元前170年）。地方向汉文帝进献的水果是枇杷。枇杷是常绿乔木，其叶四时不凋，这是与他果不同的地方，所以古来文人多赞叹其质同松竹，而医家亦谓其宣肺止咳之功效。枇杷的原产地是中国南方，有关枇杷的较早记录为司马相如《上林赋》的“枇杷橪柿”。简文中向皇帝进献枇杷的地方“西城”“城固”“南郑”在西汉皆属汉中郡。西城在今陕西安康、城固在今陕西城固、南郑在今陕西汉中。此三处在地理位置上属于亚热带，所以才会出产枇杷。而枇杷在秦岭以北的长安则无法结果，皇帝若想尝鲜，只能靠传驿的方式进行输送。这则材料对汉代官府运输流程、地理、农作物等方面的研究也有着突出的意义。

## 荔枝

广东省广州象岗山南越文王赵眛的祖父赵佗原为秦末守将，在秦末分裂割据、火并争雄的情势下，割据岭南的赵佗，趁乱出击桂林、象郡，自立为南越武王，并于公元前204年正式建立南越国，定都番禺（今广州）。据史籍记载，南越王赵佗曾将岭南佳果——荔枝作为珍品进贡给汉高祖。荔枝最先出于岭南地区，今天的两广佳荔仍然享誉全国。从上述记载可知，荔枝在汉初就已经被当成殊方尤物来进贡。

久，項羽入關，劉邦稱：「吾入關，秋毫不敢有所近，籍吏民，封府庫，而待將軍。」使項羽無法降罪劉邦。項羽（前二三二—前二〇二），名籍，字羽，下相（今江蘇宿遷西南）人，秦末隨叔父項梁起義反秦。秦亡，羽自號「西楚霸王」，殺秦王子嬰，燒秦宮，而返楚地。在與劉邦爭戰中敗北，自刎於烏江。詳見史記項羽本紀。將而東，事亦見項羽本紀，其文曰：「居數日，項羽引兵西屠咸陽，殺秦降王子嬰，燒秦宮室，火三月不滅；收其貨寶婦女而東。」事發生在公元前二〇六年。

**尉佗貢獻**

尉佗獻高祖鮫魚〔一〕、荔枝，高祖報以蒲桃錦四匹。

**【注釋】**

〔一〕尉佗，即趙佗，秦末爲南海尉，故亦稱尉佗。漢初自立爲南越國王。鮫魚，即海鯊。

西京雜記卷第三　一四五

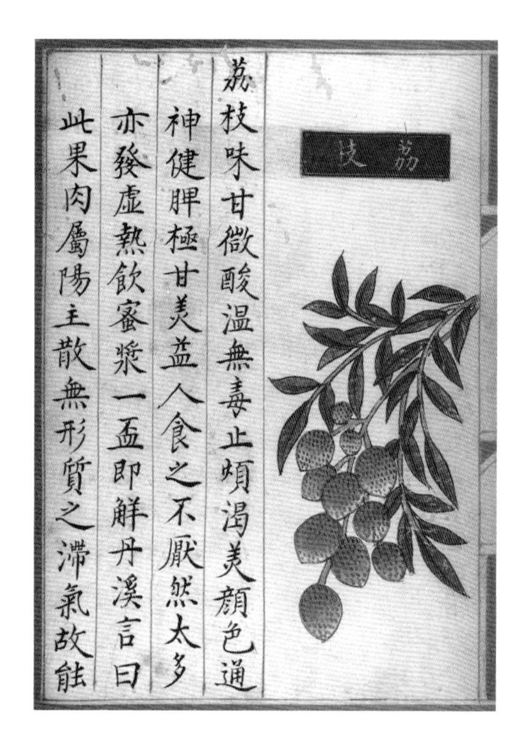


## 杨贵妃与荔枝

“一骑红尘妃子笑”的故事流传甚广。传说，杨贵妃喜食荔枝，“非鲜荔枝不启齿为笑”，但荔枝产于南方又不易保存，唐玄宗为取悦杨贵妃，每年派快马日夜兼程把荔枝送到长安，常致人马于途中绝命，小小的荔枝不知沾染了多少血泪。

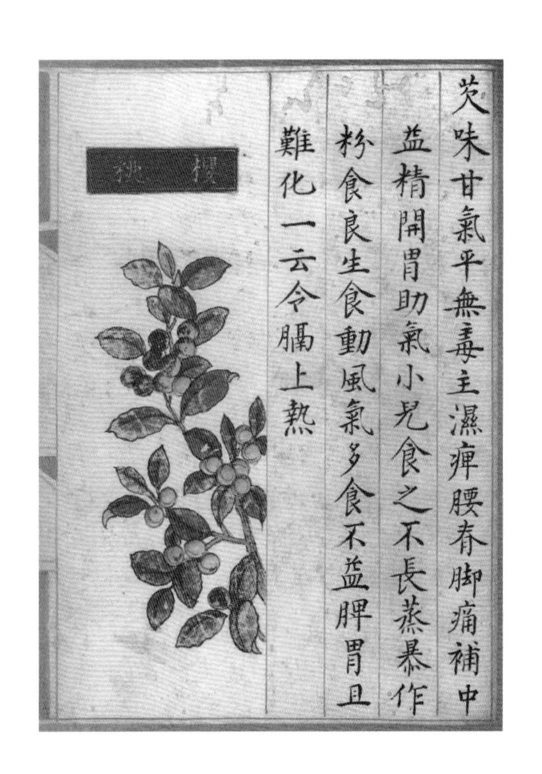
櫻桃

芡味甘氣平無毒主濕痺腰脊脚痛補中益精開胃助氣小兒食之不長蒸暴作粉食良生食動風氣多食不益脾胃且難化一云令膈上熱

### 樱桃

《东观汉记》记载，汉明帝于初夏的月夜在园中与群臣宴饮，适逢有人进献新熟的樱桃，便赐群臣品尝。侍者用赤瑛盘端上，月光下看去，晶莹如玉的鲜红樱桃与红色盘子融为一体，百官皆笑，以为侍者端的是空盘。

### 马王堆汉墓出土的果品

湖南长沙马王堆轪侯夫人辛追墓中随葬有枣、砂梨、梅、杨梅等果品，墓主的食道和肠胃里则发现了138粒半甜瓜子。数量惊人的甜瓜子足以表明这位夫人对甜果的热爱，而验尸报告证实轪侯夫人的死因为急性胆绞痛诱发冠状动脉持续性收缩，加剧心肌缺氧，引发冠心病。从发现的未消化的甜瓜子来看，轪侯夫人应该是在食用甜瓜后不久死去。甘甜味美的甜瓜极有可能是促发轪侯夫人死亡的诱因。

秦汉时期，由于西域和南方果品的传入和引种，果品的种类较此前增加了很多。当时的果类品种除已见于先秦文献的梨、栗、枣、杏、柿、李、桃、柰、棣、棠、梅、柑、橙、橘等品种外，始见于秦汉文献的有蒲陶（葡萄）、安石榴、胡桃（核桃）、枇杷、杨梅、荔枝、龙眼、橄榄等。这些新见品种大部分来自岭南热带和亚热带地区以及中亚和西亚等国。

## 吉祥的水果

中国古人将各种美味可口的水果视为吉祥瑞物。明清两代，水果纹饰或水果造型成为瓷器装饰的重要题材。不同的水果有着不同的寓意，如：枝藤缠绕、连绵不断的香瓜寓意瓜瓞绵绵，子孙昌盛；桃子的寓意是长寿、吉祥；石榴的寓意是儿孙满堂；金橘的寓意是吉祥、招财；荔枝的“荔”谐音“利”，象征大吉大利。

### 浩然堂款天蓝釉暗折枝花石榴尊

清（1644—1911年）
腹径7.5厘米、高8.7厘米

### 霁红釉石榴尊

清（1644—1911年）
腹径16厘米、高6厘米

**乾隆款粉彩过枝桃蝠折腰盘**

清（1644—1911年）
盘径11.4厘米

**雍正款釉里红三果碗**

清（1644—1911年）
口径12厘米、高5.2厘米

敦煌莫高窟第323窟《张骞出使西域》壁画

### 中国历史上的外来农作物

中华文化素来具有兼收并蓄、容纳百家的恢宏气度，在和而不同思想的指导下，广泛地、有选择地借鉴和吸收其他饮食文化的优质养分，不断地更新和壮大自己，从而使中华饮食文化历久而常新。中华饮食第一次大规模引进异质饮食文化始自张骞出使西域。

我国现有农作物中，至少有50种来自境外。“胡”字辈大多为汉晋时期由西北陆路引入，如胡荽（香菜）、胡椒、胡瓜（黄瓜）、胡蒜（大蒜）、胡桃（核桃）、胡麻（芝麻）等；“番”字辈大多为南宋至元明时期由“番舶”（外国船只）带入，如番薯、番茄、番麦（玉米）、番豆（花生）、番椒（辣椒）等；“洋”字辈则大多由清代乃至近代引入，如洋葱、洋姜、洋山芋、洋白菜等。

部分外来农作物一览表

| 作物 | 原产地 | 传入时间 | 备注 |
| --- | --- | --- | --- |
| 黄瓜（胡瓜） | 印度 | 西汉（公元前202—公元8年） | 西汉墓葬中出土黄瓜籽 |
| 菠菜 | 尼泊尔 | 西汉（公元前202—公元8年） | 西汉墓葬中出土菠菜籽，古籍认为唐贞观二十一年（647年）传入 |
| 大蒜（胡蒜） | 中亚、地中海沿岸 | 东汉（25—220年） |  |
| 石榴 | 波斯、印度 | 东汉（25—220年） |  |
| 核桃 | 波斯 | 东汉（25—220年） |  |
| 大宛葡萄 | 今乌兹别克斯坦费尔干盆地 | 汉（公元前202—公元220年） |  |
| 茄子 | 印度、泰国 | 晋（265—420年） |  |
| 莴苣 | 地中海沿岸 | 唐（618—907年） | 最早记载于初唐，引种不会晚于唐代 |
| 西瓜 | 非洲 | 五代（907—960年） |  |
| 胡萝卜 | 北欧 | 元（1271—1368年） |  |
| 玉米（番麦） | 美洲 | 明（1368—1644年） | 约1500年 |
| 马铃薯（洋芋） | 南美洲 | 明（1368—1644年） | 万历年间（1573—1620年） |
| 白薯（番薯） | 美洲 | 明（1368—1644年） | 万历年间（1573—1620年） |
| 花生（番豆） | 巴西 | 明（1368—1644年） | 明晚期 |
| 菠萝 | 巴西 | 明（1368—1644年） | 明晚期 |
| 辣椒（番椒） | 美洲 | 明（1368—1644年） | 明晚期 |
| 西红柿（番茄） | 美洲 | 明（1368—1644年） | 明晚期 |
| 苹果 | 欧洲 | 清（1644—1911年） | 约1871年 |
| 洋梨 | 英国 | 清（1644—1911年） | 约1871年 |

本表据孙机先生《中国古代物质文化》等论著编制

# 茶韵酒香

我国饮酒和饮茶的历史悠久，酒和茶作为中华饮食文化中的两朵璀璨奇葩，在漫长的历史长河中熠熠生辉，让古人的饮食生活更具艺术化色彩。酒使人沉醉，而茶使人清醒，所谓『酒如豪士，茶如隐逸』，新茶陈酒可以给饮者带来不同的美的享受，也满足了人们不同的精神需要。文人墨客书写的关于酒和茶的诗文词曲，也共同构成了博大宏富的中华酒文化和中华茶文化。

# 天之美禄

酒的出现不是人类的发明，而是天工的造化。最早的酒应是落地野果自然发酵而成的。中国人工酿酒的历史十分悠久，可以追溯至新石器时代。自夏之后，至于唐宋，皆是以果、粮蒸煮，加曲发酵，压榨成酒。元代出现了蒸馏酒，而后逐步普及。中华酒文化的内涵极为丰富，不仅包括高超的酿造技艺，还有琳琅满目的精美酒具以及不同地域和民族的酒礼酒俗。

## 单耳黑陶杯

新石器时代　龙山文化
约公元前2500—前2000年
高8.8厘米、口径5.7厘米、腹径9厘米
山东胶县三里河出土

黑陶杯是早期的酒器。中国先民很久以前就掌握了酿酒技术，酒具也应运而生。在距今四千多年前的龙山文化遗址中出土了大量酒具，可知当时酿酒已有相当规模。

## 高柄杯

新石器时代　龙山文化
约公元前2500—前2000年
高22厘米、宽8厘米
山东胶县三里河出土

高柄杯是饮酒器。龙山文化的黑陶杯器胎薄如蛋壳，也被称为“蛋壳陶”，代表了当时制陶工艺的最高水平。蛋壳黑陶高柄杯出土范围小，数量少，多见于大型墓葬中，一般作为礼器或高级奢侈品。

## 铜爵

商（约公元前16—前11世纪）
高20厘米、长18.5厘米
河南安阳武官村出土

青铜爵始见于二里头文化，盛行于商代，一直沿用到西周中期。爵在祭祀中用于歆和祼。以香气享神曰“歆”，加热后，爵内鬯酒的蒸汽香味浓烈，鬼神乐于享用。在祭礼中，爵内鬯酒通过前端的流浇灌到地上称为“祼”。

## 铜角

商（约公元前16—前11世纪）
高21厘米、长15.5厘米

青铜角主要流行于商晚期至西周早期。商代晚期的一些墓中，角和爵相伴出现，他们功能相近，规格大小也相仿，但角无柱无流，在口沿两端铸成长锐之角。

宋人《博物图录》始将此类青铜器命名为“角”。

铜觯

商（约公元前16—前11世纪）
通高15.2厘米、口径7.9厘米

觯为饮酒器，出现于商代中期，流行至西周早期，可分为扁圆觯、圆觯、椭方觯三种形制。

## 铜斗

商（约公元前16—前11世纪）
通长19厘米、口径2.8厘米

斗是古代挹注器，用来酌酒，兼而舀水。铜斗盛行于商周时期，东周以降逐渐流行漆斗。考古发现的商周铜斗常与尊、罍、卣、觥等青铜酒器配套使用。

## 重环纹带盖青铜壶

春秋（公元前770—前476年）
通高66.5厘米、口径25厘米

早期青铜壶是一种盛酒具，流行时间很久，从商代早期直到汉代，式样颇多。春秋以来壶同时也可以用为盛水的器皿，此时壶已取代了流行一时的尊，且比尊更为华美、实用，尤其是在军队当中使用较为普遍。

**浮雕兽纹釉陶壶**

西汉（公元前202—公元8年）
高31.7厘米、口径12.8厘米

泥质黄釉陶，口沿下饰一条凸弦纹，肩部饰两条弦纹，其间一周浮雕对称的铺首衔环，中间为浮雕瑞兽。汉代的壶主要用于盛酒，有时也用于盛水和粮食。此陶壶因其色泽及浮雕堪称汉代中国北方铅釉陶中的佳作。

**汉代酿酒画像砖**

早在新石器时代，中国就已具备了酿酒的基本条件。商周时期，独创酒曲复式发酵法；秦汉时期采用喂饭法，大大提高酒曲的质量；宋代以后，微生物培养、压榨、煮酒灭菌、勾兑等技术逐步走向成熟。经过不断的生产实践，我国的米酒酿造工艺技术日臻炉火纯青，至今仍在世界酿酒业中占有重要一席。

## 陶耳杯

晋（265—420年）
高6.9厘米、长20.2厘米
江苏宜兴出土

耳杯是汉晋时期流行的一种饮酒器，也作食器。因其形状呈椭圆形，两侧各附一半月形耳，就像一双羽翼，故又名羽觞。

《兰亭修禊图卷》

明代，佚名绘，中国国家博物馆藏

汉晋时期的文人流行一种被称为“曲水流觞”的饮酒习俗：文人进行酒会时，他们面前是一条弯弯曲曲的溪水，水面上漂着一只酒杯，酒杯顺着清清的溪水漂流而下，漂到谁面前，谁就要拿起一饮而尽，并要借酒兴吟诗咏怀。

### 三羊铜酒樽

东汉（25—220年）
高23厘米、口径23.6厘米

樽为汉晋时期主要的盛酒器。当时的酒一般贮藏在瓮、榼或壶中，饮宴时先将酒倒在樽里，再用勺酌于耳杯中饮用。

樽和耳杯的形象
甘肃嘉峪关魏晋墓出土

**错金银鸟篆文铜壶**

西汉（公元前202—公元8年）
高40.5厘米
河北满城刘胜墓出土

此壶为盛酒器。盖呈弧面形，上有三环纽，壶口微侈，鼓腹，腹上饰一对铺首衔环，圈足。全器装饰复杂的鸟篆文和图案花纹，其中盖中心饰一条蟠龙，肩、腹宽带纹上饰龙虎相斗图案；器盖、颈部、腹部均有鸟篆文。鸟篆文是古代的艺术字，其笔画构成或如鸟在腾跃，或如鸟在回首，变化无穷。此壶上的鸟篆文不仅是一种高雅的装饰，还是一首朗朗上口的颂酒诗文，阐明了饮酒有“充润肌肤，延年祛病”的好处，是我国以酒为药、养生祛病食疗保健法的较早记录。

### 青瓷四系罐

东汉（25—220年）
高16.8厘米、口径9.8厘米
河南洛阳中州路出土

此罐是东汉后期青瓷的典型器物，用于盛酒、水。罐表面印有细密网格纹，器身施青釉，近足处露胎。肩及腹下各绘一道褐色粗弦纹。

### 青釉盘口瓶

北朝（386—581年）
高27.2厘米、口径8.7厘米

南北朝时期，盘口瓶十分流行，这是因为盘形口便于灌装液体，口小不易洒漏，在日常生活中很实用。

### 青釉龙柄鸡首壶

隋（581—618年）
通高26厘米、口径6.7厘米
湖北武昌周家大湾出土

鸡首壶是盛酒器，始见于三国时期，隋代仍旧流行。早期鸡首壶器形矮小，鸡首为模印贴饰，起到装饰作用。两晋时鸡首不再是贴饰，变成中空，有流的作用。数百年间，鸡首壶的高度及角度虽不断改进，但始终无法从根本上解决倾倒费力的缺陷，唐代中期以后，逐渐为注子所代替。

## 青釉褐彩龙纹执壶

唐（618—907年）
高19.3厘米、口径9.2厘米
安徽泗洪河道出土

执壶，又称注子、注壶，唐代后期逐渐取代樽、勺，成为最主要的盛酒和斟酒器。

长沙窑是唐代的重要窑址，在今湖南长沙铜官镇一带，又称“铜官窑”，其产品远销国内外，韩国、日本、巴基斯坦、泰国、印度尼西亚等地皆有长沙窑产品出土。

长沙窑的最大贡献在于其首创釉下彩工艺，开诗书画装饰于瓷之先河。长沙窑所出注子，彩画与诗词题记均在釉下，文字通俗，多有与酒相关的诗文。

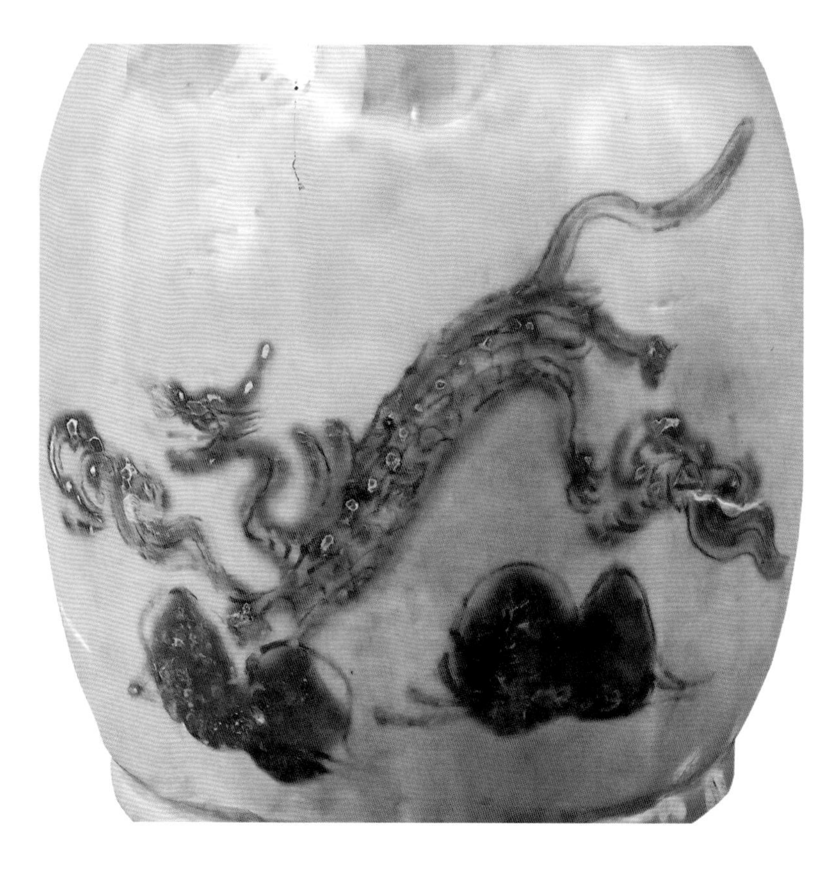

### 葫芦形素面银壶

唐（618—907年）
高20厘米、宽20厘米
陕西出土

唐朝经济发达，国力强盛，金银制品业空前发展。皇室贵族对金银器具非常偏爱，宴饮时经常使用。这件银壶是中晚唐时期制作的器形。

**贺知章像**

传说，李白初来长安时，贺知章专程拜访，二人相见恨晚，越谈越投机，便去酒肆畅饮大醉，后发现竟忘带酒钱，贺知章毫不犹豫地解下佩戴的金龟作酒钱。

## 鎏金錾鸟兽花叶纹银注子

唐（618—907年）
高20.7厘米

注子为酒壶。隋唐时期，高桌的出现，抬高了酒具放置位置，缩短了酒具与身体的距离，使人伸手即可轻松拿取到器皿，故此时便于单手执拿的注子开始使用。

## 李白像

酒作为一种特殊的饮品，一直是文人雅士激发创作灵感、寄托情感的媒介。隋唐时期，饮酒赋诗这种宴饮形式盛极一时。以下是两首著名的唐代酒宴诗。

瑞雪初盈尺，寒宵始半更。列筵邀酒伴，刻烛限诗成。

——【唐】孟浩然《寒夜张明府宅宴》

开琼筵以坐花，飞羽觞而醉月。不有佳咏，何伸雅怀？

——【唐】李白《春夜宴从弟桃花园序》

## 鎏金花鸟葵式高足银酒杯

唐（618—907年）
高4厘米、口径7厘米

银高足杯是唐代的饮酒具。它并不是中国传统器物，大约是源于古罗马，然后通过西亚、中亚对中国产生影响。花鸟纹饰在唐代十分流行，也常与鸳鸯、鱼、蝴蝶等动物的吉祥纹样成对出现，寓意吉祥、圆满。

## 狩猎纹高足银杯

唐（618—907年）
高7.6厘米、口径6.7厘米
陕西西安沙坡村窖藏出土

杯口沿下刻一周缠枝花，两道弦纹之间饰有骑马狩猎图四幅，猎者策马飞驰，姿态各异，或张弓待射，或箭方离弦，被追逐的獐、鹿、豕、狐等动物则神情惊慌，四散逃窜，整个狩猎景象布局巧妙，情节紧张生动。此杯造型属西方式样，而猎手所着之幞头、窄袖袍却为唐服，装饰风格也具中国特色，是唐代中西文化交流空前繁荣的珍贵实证。

唐代持高足杯男装仕女图

## 磁州窑白釉黑花长瓶

宋（960—1279年）
高21.6厘米、腹径10.2厘米

长瓶是宋元时期流行的储酒具。当时人们用长瓶装酒，饮用时再将里面的酒水倒至执壶。磁州窑为宋代著名民窑，花纹和图案大多取材民间的风土人情，富有浓厚的生活情趣。

辽代壁画中的长瓶形象

## 绿釉贴塑云龙纹皮囊壶

辽（907—1125年）
高27厘米

皮囊壶的造型来源于游牧民族所使用的皮囊，是北方游牧民族使用的典型器物。辽军曾数度占领定州，俘工匠北上制瓷。制瓷业在中国北方边疆地区发展起来之后，开始烧制瓷质的皮囊壶，有的还在表面刻出仿皮子缝制的凸棱。

## 黑釉铁锈花玉壶春瓶

金（1115—1234年）

口径7.2厘米、高30厘米、底径8.8厘米

玉壶春瓶又叫玉壶春壶，其名称有人认为是因唐诗“玉壶先春”而得名，其造型定型于北宋时期，基本形制为撇口、细颈、圆腹、圈足。玉壶春瓶是宋金元时期流行的一种实用盛酒器具，明清时期其逐渐演变为观赏性的陈设瓷，是中国瓷器造型中的一种经典器形。

**“至顺癸酉”银玉壶春瓶**

元（1271—1368年）
高43厘米、口径8.2厘米
安徽合肥出土

银质玉壶春瓶是元代常见的酒具。早期的玉壶春瓶多为瓷器，到了元代，出现了许多由金、银制成的器物。宋代流行饮用黄酒，黄酒需热饮，故宋代酒器组合中常见注碗。而元代时，流行饮用葡萄酒和阿剌吉酒（蒸馏酒），此两种酒均不需热饮，所以温碗失去效用。

## 银马盂

元（1271—1368年）
长25厘米

马盂为酒器，其造型仿自商周时期的青铜匜，既可以用作饮酒器，也可以当作勺来挹取，而它的流又可兼有斟酒的功能。元代，马盂与壶瓶、台盏形成了一种酒器组合，使用十分普遍。

元代壁画中的马盂形象

## 青花三阳开泰仰钟式杯

明（1368—1644年）
高9.8厘米、口径16.5厘米

仰钟式杯又叫铃铛杯，是明清时期流行的酒杯样式之一。“三阳开泰”图为传统吉祥装饰纹样，以三羊象征三阳，取其所含否极泰来、冬去春来、阴消阳长，万象更新之意，多用作岁首称颂之辞。

《群醉图卷》

明，邢志儒绘，中国国家博物馆藏

图卷描绘了一群文人从入席到醉离的宴会饮酒场景。全图描绘人物众多，形象生动，姿态各异，由此可以推想明代饮酒之风的盛行。

## 金执壶

明（1368—1644年）
高15厘米、宽15厘米
北京昌平定陵出土

除了瓷质酒器外，明清的帝王显贵们对金银酒器和玉酒器同样钟爱有加。据记载，万历皇帝生前喜饮酒，所以死后随葬品中有不少精美的酒器，绝大多数珍藏在棺内贴身处，计有金托玉爵、金托金盏玉盏、金托玉酒注、金托青花瓷盏、金爵、金酒注、金杯、金箭壶等20多件套。

## 黄地绿彩云龙纹方斗杯

明（1368—1644年）
高7.5厘米、口径11.8厘米、足径5.8厘米

方斗杯是明代嘉靖时期流行的酒杯样式之一，器呈斗形，故称方斗杯。

## 青花折枝花果纹执壶

明（1368—1644年）
高26.1厘米、口径6.4厘米、足径9.8厘米

壶体呈玉壶春瓶式样，腹一侧有长曲流，流与颈间有云形纽带相连，后设扁带形执柄，柄上有圆形小系便于穿绳。颈部绘蕉叶纹，肩部绘缠枝莲纹，腹两面菱形开光，一面内绘折枝桃果纹，另一面绘折枝枇杷纹，开光两侧绘缠枝花卉纹，近足处绘变体莲瓣纹。此器造型仿西亚地区铜器式样，是永乐、宣德时期烧造的典型器物之一。

**花卉珐琅酒杯**

清（1644—1911年）
圆杯直径5.9厘米、高3.5厘米
方杯长11厘米、宽7.9厘米、高5厘米

此组酒杯为铜胎珐琅制成，是在铜胎体上涂敷釉料，经烧结、彩绘、抛光、镀金而成，外壁施粉白色釉，分别以红、绿、蓝、黄、黑等珐琅彩料描绘出盛放的花朵、翩飞的蝴蝶、肥硕的蜜桃等图案，画面疏密有致，生动有趣。

北山酒經

酒經題詞

讀朱翼中北山酒經 并序

大隱先生朱翼中壯年勇退著書釀酒僑居西湖上而老焉屬朝廷大興醫學求深於道術者爲之官師乃起公爲博士與余爲同僚明年翼中坐書東坡詩貶達州又明年以宮祠還未至余一日夢翼中相過且誦詩云投老南還愧轉蓬會令淨土變炎風由來祇許杯中物萬事從渠醉眼中明日理書帙得翼中

酒經題詞　一　知不足齋叢書

《北山酒经》

成书于宋（960—1279年）

《北山酒经》又名《酒经》，北宋朱翼中著。全书分上、中、下三卷。上卷为总论，论酒的发展历史；中卷论制曲；下卷记造酒。书中还介绍了“追魂”“火魄”等酿酒的新技术，是中国古代较早全面、完整地论述有关酒的著作，反映了宋代较为成熟的米酒发酵技术。

## 茗香缭绕

茶是中国对世界文明所做的重要贡献之一。中华茶文化在形成和发展的过程中，逐渐由物质上升到精神文化的范畴，是博大精深的中华饮食文化的一个重要分支。最新的考古发现表明，中国人饮茶的历史可能追溯至战国时期。西汉时期，巴蜀地区饮茶之风十分盛行。茶文化的形成始自魏晋南北朝时期，唐宋时期达到鼎盛，明清时期又有进一步的发展。自唐代起，饮茶用具从酒器、食器中分离出来，并自成体系。不同时期的茶具也呈现出不同的特点，造型优美的各类茶具除具有实用价值外，也有颇高的艺术价值。

## 青釉托碗

北朝（386—581年）
碗通高10厘米、口径11.5厘米、足径4.2厘米
盘口径14.2厘米、足径5.7厘米
河北景县封氏墓出土

魏晋南北朝时期处于饮茶的早期阶段，茶具尚未固定下来，碗既用于进食喝水，又用于饮茶。中国最早的茶具出现在东晋南朝时期。最初饮茶需要煮沸，因碗热烫指，于是出现了托盘与之配套使用。

## 青釉托盏

西晋（265—317年）
高4.6厘米、口径14.7厘米

托盏是一种以托和盏组合而成的茶具。托又称盏托、茶托、托子，是从汉代的托盘、耳杯演化而来，至南朝时已十分盛行，成为当时风行的饮茶用具。托盏的发明很巧妙，可以防止茶盏高温烫手。

## 青釉格盘

晋（265—420年）
高3.2厘米、口径15.5厘米

此盘又称多子盘，用于盛放茶点。东晋、南朝时期，饮茶在江南盛行，茶果成为士大夫们招待宾客的主要物品。东晋时瓷器类的碗盘样式品种尚不多，格盘在当时是一种较为讲究的餐具。

欽定四庫全書 一

茶經卷上

唐 陸羽 撰

一茶之源

茶者南方之嘉木也一尺二尺迺至數十尺其巴山峽川有兩人合抱者伐而掇之其樹如瓜蘆葉如梔子花如白薔薇實如栟櫚蒂如丁香根如胡桃（瓜蘆木出廣州似茶至苦澀栟櫚蒲葵之屬其子似茶胡桃與茶根皆下孕兆至瓦礫苗木上抽）其字或從草或從

欽定四庫全書 茶經 卷上

木或草木并（從草當作茶其字出開元文字音義從木當作梌其字出本草草木并作荼其字出爾雅）其名一曰茶二曰檟三曰蔎四曰茗五曰荈（周公云檟苦荼楊執戟云蜀西南人謂茶曰蔎郭弘農云早取為茶晚取為茗或一曰荈耳）其地上者生爛石中者生櫟壤下者生黃土凡藝而不實植而罕茂法如種瓜三歲可採野者上園者次陽崖陰林紫者上綠者次笋者上牙者次葉卷上葉舒次陰山坡谷者不堪採掇性凝滯結瘕疾茶之為用味至寒為飲最宜精行儉德之人若熱渴凝悶腦疼目澁四支煩百節不舒聊四五啜與醍醐甘露抗衡也採不時造不精雜以卉莽飲之成疾茶為累也亦猶人參上者生上黨中者生百濟新羅下者生高麗有生澤州易州幽州檀州者為藥無效況非此者設服薺苨使六疾不瘳知人參為累則茶累盡矣

二茶之具

籯（加追反）一曰籃一曰籠一曰筥以竹織之受五升或一㪷二㪷三㪷者茶人負以採茶也（籯漢書音盈所謂黃金滿籯不如一經顏師古云籯竹器也受四升耳）

欽定四庫全書 茶經 卷上 二

竈無用突者釜用脣口者

甑或木或瓦匪腰而泥籃以箄之篾以系之始其蒸也入乎箄既其熟也出乎箄釜涸注於甑中（甑不帶而泥之）又以榖木枝三亞者制之散所蒸牙笋并葉畏流其膏

杵臼一曰碓惟恒用者佳

規一曰模一曰棬以鐵制之或圓或方或花

承一曰臺一曰砧以石為之不然以槐桑木半埋地中

844-612

## 《茶经》

成书于唐（618—907年）

我国的茶书始见于唐，陆羽的《茶经》是我国乃至世界上第一部茶书。《茶经》撰于758年左右，全书仅七千余字，行文精练，言简意赅，从茶的起源、性状、名称、品质、种类、采摘、制法、煮饮器具、烹茶方法、饮茶风习等，无不述及，是我国古代众多茶书中最详细、完整的一部。

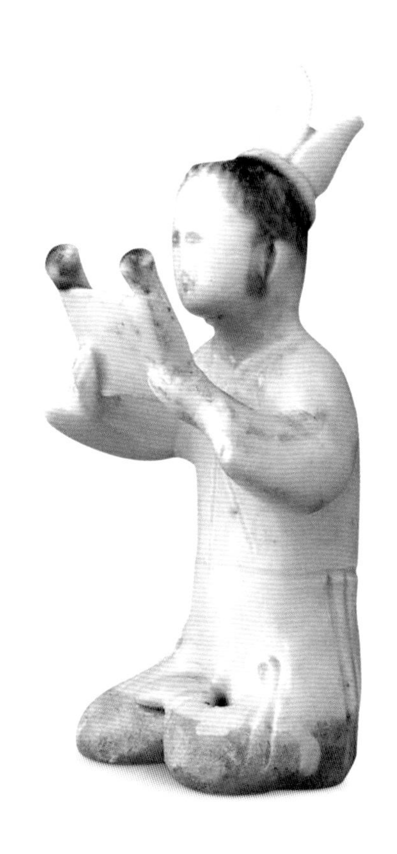

## 陆羽瓷像

五代，中国国家博物馆藏

唐朝统一带来的南北融合也体现在饮茶这一习俗上。盛唐之后，茶饮蔚然成风，浸习全国。更兼陆羽《茶经》的问世，基本结束了汉魏以来“煮作羹饮”的饮茶历史，开启了饮茶有道的新时代。

## 白釉瓷汤瓶

唐（618—907年）
高16.7厘米、口径9.6厘米
河南陕县刘家渠出土

汤瓶是一种茶具。晚唐时，点茶法出现，即在汤瓶中煮水，置茶末于茶盏，水沸后，执瓶向盏中冲茶。点茶的技巧在于点汤，所以汤瓶是重要用具，它的设计便于手持向体积小的茶盏倾注沸水。

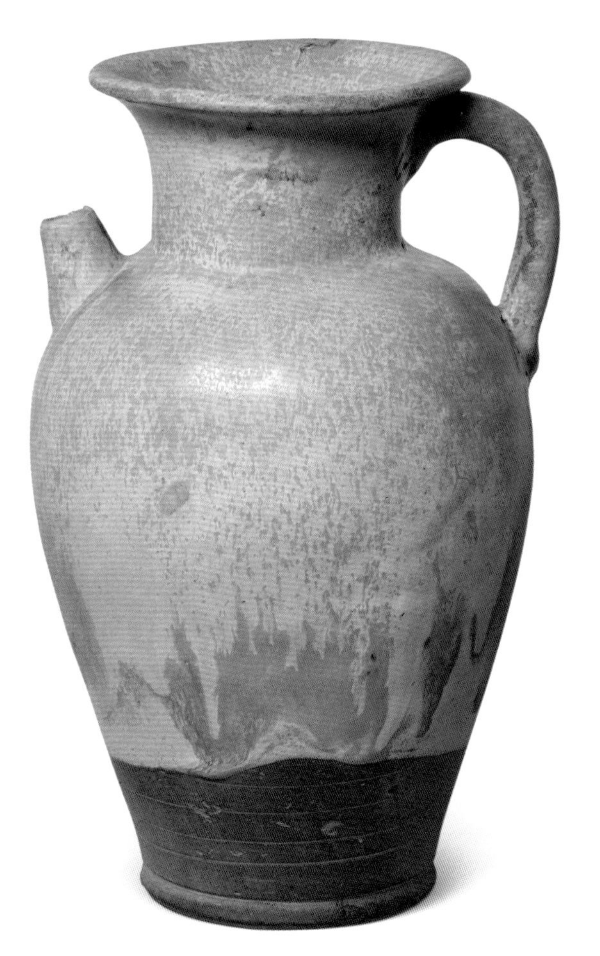

## 鲁山窑雪灰花釉汤瓶

唐（618—907年）
高30.9厘米

唐代时，除青、白瓷之外，花釉也特别具代表性。花釉瓷是在深色釉上涂上浅色斑点，然后烧制而成，色彩质朴、奔放，主要产于河南、山东，以河南鲁山窑最有名。

## 邢窑白釉浅底碗

唐（618—907年）
高4.3厘米、口径16.2厘米

邢窑是唐代著名的瓷窑，窑址位于河北邢台，是中国白瓷生产的发源地。瓷器发展到唐代形成了“南青北白”的分布格局，南方以越窑青瓷为代表，北方则以邢窑白瓷为代表。

## 鎏金莲瓣银茶托

唐（618—907年）
高4厘米、口沿17.4厘米
陕西西安唐长安城平康坊遗址出土

茶托的作用是防止茶盏高温烫手。茶托足内刻“左策使宅茶库”字样，说明唐代一些贵族家庭中设有专门的茶库。与此茶托同出的有6件鎏金银茶托，为了解唐代贵族阶层使用的茶托形制提供了重要的实物资料。

## 越窑青釉浅底瓷碗

唐（618—907年）
高4.3厘米、口径14.6厘米

唐代饮茶之风盛行以后，茶碗的需要量大增。陆羽在《茶经》中对各地瓷窑生产的瓷碗有系统评论，认为越窑瓷碗为最佳饮茶器具。

唐代宫廷侍女饮茶场面

（唐）佚名《宫乐图》（台北故宫博物院藏）

五代浮雕画中的茶托形象

## 白釉“香花茶果酒”碗

唐（618—907年）
高5.6厘米、口径15.5厘米、足径5.3厘米

道家仪式常供香花茶果，而不用肉食供奉。唐代奉道学仙之人认为饮茶可以使人产生飘飘欲仙的感觉，甚至可以羽化登仙。道家所说的“仙风道骨”就有“瘦”这一项，升仙要仙鹤来接，身材偏瘦者，仙鹤才能驮得动，也许是由于这个原因，才有饮茶使人消瘦之说。

## 白釉杯盘

唐（618—907年）
盘高7.3厘米、口径16.4厘米
杯高5.5厘米、口径6.5厘米

此杯盘是由南朝青釉五盅盘发展而来。五盅盘因盘内置五个小盅而得名，是用来喝茶或饮酒的器皿，东晋时始有出现，南朝时较为多见。隋唐时北方出土白釉杯盘有的盘底没有三足，杯多为平底敞口，五至八个无定数。据其组合形式分析，该套杯盘应为喝茶的用具。

茶罗和茶碾

唐，法门寺博物馆藏

### 玛瑙盏托

宋（960—1279年）
直径12.6厘米

宋代盏托的经典造型是托为盘式，盘中心凸起一圈，上放小盏。这件玛瑙盏托的造型即是如此，整器玲珑别致，精巧可爱。

### 建窑黑釉兔毫瓷盏

宋（960—1279年）
高6.5厘米、宽14厘米

宋代盛行斗茶，斗茶胜负一看茶汤的色泽和均匀程度，以纯白胜青白、灰白、黄白；二看盏内沿与茶汤相接处有无水痕，“咬盏”（汤花浮面紧贴盏沿不退）久者为胜。由于茶色尚白，较大的反差可以显示茶色，因此，斗茶活动中首选建窑黑釉兔毫盏。

### 吉州窑黑釉鹧鸪斑瓷盏

北宋（960—1127年）
高4.5厘米、口径9.5厘米
河南许昌白沙宋墓出土

宋代斗茶要验水痕，而白色的水痕在黑盏上显得最分明，故宋喜黑盏。吉州窑是宋代南方一处生产黑釉茶碗的瓷窑，这里所烧制的黑瓷盏的釉中出现了如鹧鸪鸟羽毛样的花斑，以及雨丝、牛毛、油滴样的斑纹，所用釉料均是以铁的氧化物作为主要呈色剂，并含有微量的锰、铜、铬、镁等金属氧化物，经多次施釉，在焙烧和冷却的过程中，出现结晶而形成斑纹。

《品茶图》

清，顾见龙绘，中国国家博物馆藏

画面反映的是宋代斗茶的情景。古松之下，四名茶贩路边斗茶。人物分左右两组，身后各置盛有茶具的茶担。左前一人，一边执扇煮茶，一边回顾其他三人。身后一人，一手持杯，一手提茶壶倒水。右侧两人，皆捧杯注视倒水者。茶担中分层搁置茶炉、汤壶、茶盏、蒲扇、茶罐等器物。根据款署，此画虽为画家顾见龙临摹明代画家仇英作品，但从画面构图和人物形象来看，应源于刘松年《斗茶图》，刘松年茶担中的器物较简单，此画中的器物则更为丰富多样。

## 天青釉贮水瓷罂

北宋（960—1127年）
高26.6厘米、口径17.5厘米

此器敞口、弧壁、圈足，盖顶无钮，呈两重圆丘形。宋代常将水贮存在陶或瓷瓮中澄清，欲烹茶时，将瓮中之水舀入此种体积较小且有盖的罂器中备用。

## 白釉花式带托瓷盏

北宋（960—1127年）
高6厘米、口径9厘米

此器流露出仿金属器的特征。到了宋代，中国的茶道发生了变化，唐代煎茶法被宋人摒弃，点茶法成为时尚。点茶法是将茶叶末放在茶碗里，注入少量沸水调成糊状，然后再注入沸水，或者直接用茶瓶向茶碗中注入沸水，同时用茶匙搅动。茶末用沸水冲点，茶盏很烫，且无把手，故而用托以便举持。宋代从茶叶制作到点茶技艺都追精求细，茶文化最能代表宋代饮食文化。

## 青白釉瓷盖罐

南宋（1127—1279年）
高6.2厘米、口径7.4厘米

此罐敛口、弧壁、深底，扁圆形盖。内外施青白釉，圈足无釉露白色胎。此罐为盛末茶之用。

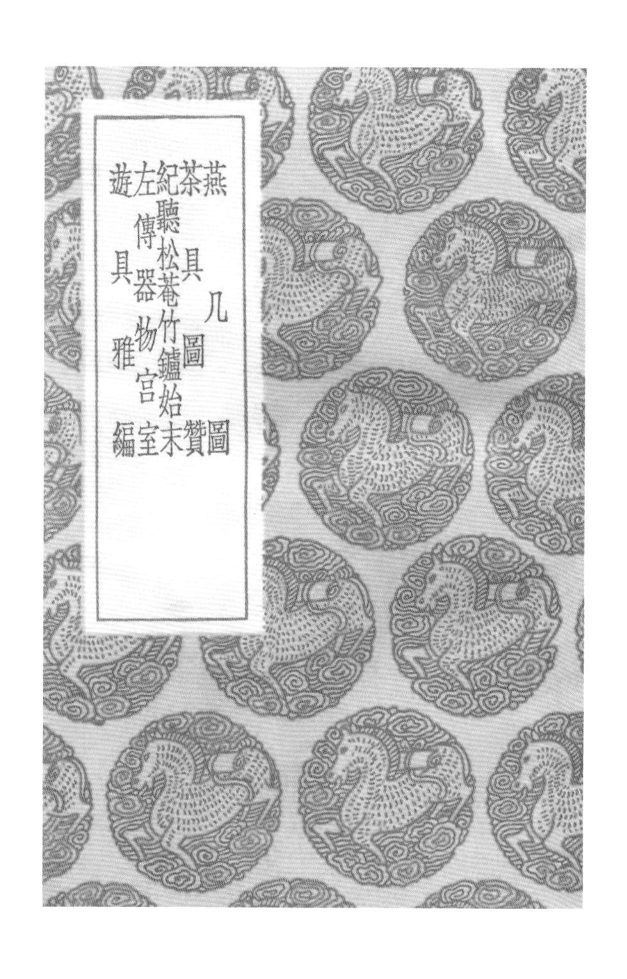


茶具引

余性不能飲酒間與客對春苑之葩泛秋湖之月則客未嘗不飲飲未嘗不醉予領而樂之一染指顔且酡矣兩眸子懵懵然矣而獨耽味於茗清泉白石可以濯五臟之污可以澄心氣之哲服之不已覺兩腋習習清風

欣賞編戊集

茶具圖贊 序

一

《茶具图赞》

成书于宋（960—1279年）

南宋审安老人所著《茶具图赞》以白描的手法绘制了十二件茶具图形，称之为“十二先生”，并冠以名、字、号，按宋时官制配以衔职，介绍其功能用法，生动形象地反映出宋代社会对茶具的钟爱和对茶具功用、特点的评价，是现存最早的茶具图谱。

宋代点茶示意图

廖宝秀著《历代茶器与茶事》

1.碎茶

2.碾茶

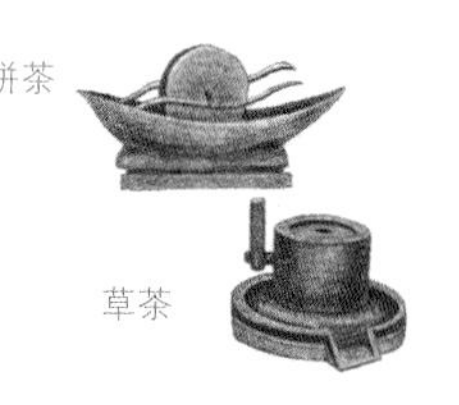


3.罗茶

4.茶末置盒

5.撮末于盏

6.点茶（注汤入盏）

7.搅拌茶末

8.置茶托

**鎏金海棠形银盏托**

辽（916—1125年）
长11.5厘米、宽6.7厘米、高3.5厘米

辽代契丹人深受汉民族文化影响，及至北宋，随着两国边贸茶叶量的剧增，宋人的饮茶习俗也在辽国普及。辽人点茶的“煮、碾、罗、点”等一应程序均与中原大同小异，其茶具亦与唐宋茶具一脉相承。

辽代壁画中的备茶图

“归复初制”锡茶壶

明（1368—1644年）
高8.5厘米

明代出现的锡制茶具备受文人推崇，从现存明代器具来看，锡制茶具占据了很大的比例。归复初所制“归锡壶”的名气很大，直到清乾隆年间，扬州一带出售的锡壶仍以“归锡壶”为最贵。

《惠山茶会图》

明，文徵明绘，故宫博物院藏

据不完全统计，明代茶文化典籍达50多部，相当于从唐到清时期茶籍的一半。在对过去茶文化理论进行总结的基础上，明人更注重自己的实践，通过对茶叶、水质、容器、饮茶环境及礼俗的研究运用，形成了特色鲜明的明代茶文化体系，对后世产生深远影响。

## 鸭形锡茶壶

清（1644—1911年）
高12.5厘米、长22.5厘米

随着瀹饮法的普及，锡原料纯度的提高、制作工艺的精进及文人的推崇，锡制茶具在清代继续使用并流行，制作日见精良。

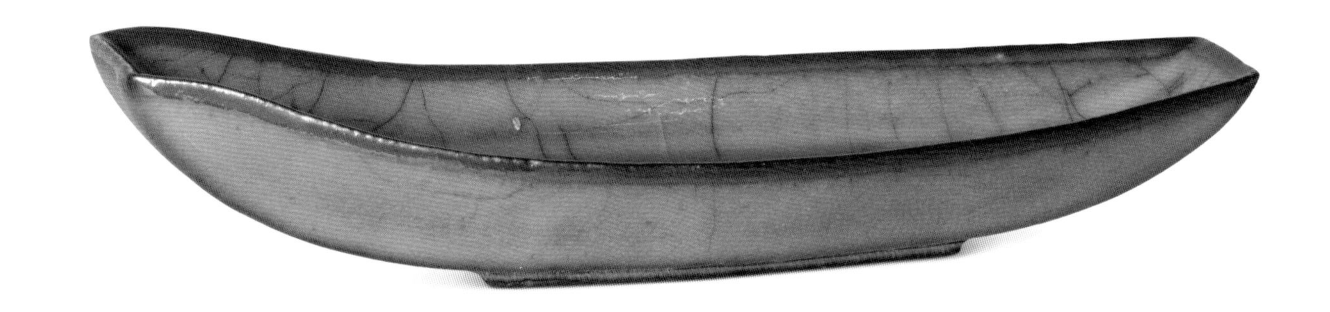

**仿官窑茶船**

明（1368—1644年）
高3.3厘米、长17.2厘米、宽6.2厘米

**青花八仙茶船**

清（1644—1911年）
高3.9厘米、长19.7厘米、宽9厘米

茶船是垫放在茶壶底部的茶具，既可以增加茶具的美观性，又可以防止茶壶因过热而烫伤桌面，有的时候还可以用作"湿壶""淋壶"时蓄水之用。明代开始出现这类船形的盏托，因其形似舟，遂以茶船或茶舟名之。茶船要与茶壶的造型、色泽、风格相匹配，起到和谐的效果。

**紫砂茶叶罐**

清（1644—1911年）

高22.4厘米、口径6.3厘米、底径15.3厘米

紫砂茶具经久耐用，能蓄蕴茶味。明清士人推崇饮茶时“天趣悉备”的自然美，古朴雅致的紫砂茶具正与这种茗饮风尚相契合。

## 紫砂壶

清（1644—1911年）
高9厘米、口径3.6厘米

壶为深褐色，表面光润。肩部绕壶口刻隶书“乳泉霏雪，沁我吟颊”八字。柄下的壶身上刻“彭年”，圈足内刻“曼生”两阳文篆书图记。

彭年即杨彭年，清嘉庆年间著名紫砂陶工艺家。曼生即陈鸿寿，为著名的篆刻家和书画家。杨彭年捏制技艺极高，他常与兼精诗、文、书、画、篆刻的陈曼生合作制壶。这是士人直接参与茶壶制作的产物，将书画艺术与制壶的工艺融于一体，大大丰富了紫砂茶壶的审美情趣。

## 粉彩过枝苦瓜盖碗

清（1644—1911年）
高8.6厘米、口径10.7厘米

盖碗是流行于清代的饮茶用具。用盖碗喝茶，一手把碗，一手持盖，一边以盖拨开漂浮于水面的茶叶，使整碗茶水上下翻转，轻刮则淡，重刮则浓，细品香茗。使用盖碗又可以代替茶壶泡茶，可谓当时饮茶器具的一大改进。

## 红银里三清茶盅

清（1644—1911年）
高6厘米、口径11.4厘米、足径4.6厘米

茶盅即茶盏。中间部分剔刻的御制诗题作《三清茶》，题下自注云：“以雪水沃梅花、松实、佛手啜之，名曰三清。”雪夜烹茶，茶名三清，乾隆帝以此举为清雅，不仅自己吟咏不辍，且以“三清茶”为题，命群臣联句，而成一时盛事。三清茶盏的制作，始自乾隆时期，以瓷器为多，也有玉器和漆器。

### 粉彩雨中烹茶图茶壶

清，中国国家博物馆藏

明清时期的瀹饮法，一改唐宋时期的煎煮法，被后人誉为“开千古饮茶之宗”。饮茶方式的改变，使茶具发生了一系列的变化。当时的士人们把品茗看成艺术，并在茶具上题字刻画，极大地提升了茶具的艺术韵味。

### 奶茶壶

清（1644—1911年）

长39厘米、宽37厘米、高35厘米

奶茶是草原民族的传统饮品之一。制作时将砖茶揉碎，放入壶或锅中煮熬，兑入鲜牛、羊奶，再加适量食盐，有的还加入少量酥油，等茶乳充分交融，即得清香可口的奶茶。因这些民族从事畜牧业生产，吃肉食品较多，饮食此茶既可助消化、驱寒暑，又可解渴充饥。

# 琳琅美器

饮食器具是中国古代饮食文化的重要组成部分。从新石器时代出现最初的食器，到历代发明的陶质、金属质、瓷质饮食器具，无一不见证了中华文明的发展历程。中国历代饮食器具在讲求实用的同时，还始终贯穿着人们的审美观念。彩陶的古朴之美、瓷器的清雅之美、铜器的庄重之美、漆器的秀逸之美、金银器的辉煌之美、玉器的莹润之美，都给使用者带来美好的享受，『美食配美器』，此之谓也。

# 陶之古朴

陶器的发明，使人类真正告别了『污尊抔饮』的时代，揭开了人类饮食史崭新的一页。

作为食具使用的陶器，伴随人类饮食生活的时间最长。新石器时代的先民们广泛制作和使用陶质饮食器具。这些饮食器具往往是陶器中最精致的产品，倾注了先民们的巧思。

## 彩陶罐

新石器时代　马家窑文化
约公元前3200年—前2000年
高20.3厘米、口径11.7厘米、底径7厘米
甘肃兰州出土

罐一般用于盛水。彩陶文化主要流行于黄河流域，记载着人类文明初始期的经济生活、思想、宗教等方面的信息，其绘画与造型反映了远古人古朴的审美情趣。

## 彩陶盆

新石器时代　仰韶文化
约公元前5000—前3000年
口径19.4厘米、底径6.8厘米、高13.3厘米
河南陕县庙底沟出土

这件彩陶盆是仰韶文化庙底沟类型的标志性器物，属盛食器。庙底沟类型以精美的彩陶花纹著称，除了少量蛙纹和鸟纹外，大量是以黑色圆点、钩叶、弧边三角及曲线组成的带状纹饰。

### 彩陶钵

新石器时代　仰韶文化
约公元前5000—前3000年
高7.8厘米、口径15.6厘米
陕西宝鸡出土

钵是古代食器。这件彩陶钵是黄河中游地区彩陶文化的典型器物之一，既是当时实用的生活用品，也是制作精美的原始工艺品。

### 彩陶豆

新石器时代　马家窑文化
约公元前3200—前2000年
高11.5厘米、口径18.6厘米、足径11.2厘米
甘肃出土

陶豆是盛食器。新石器时代的饮食方式是人们席地而坐，食器放置在地面上，因此豆内的彩绘可供食者观赏，有增添饮食情趣的功能。

彩陶饮食器具上的图案

## 黑陶豆

新石器时代　龙山文化
约公元前2500—前2000年
口径13.8厘米、底径6.3厘米、高19厘米
山东胶县三里河出土

豆盘中腰内弧，折棱处两侧各有一个舌形小鋬。豆座细长，呈竹节形，上部有对称的镂孔。陶豆是新石器时代出现的一种食器，基本形制为浅盘下有细柄，喇叭形圈足。

## 黑陶簋

新石器时代　良渚文化
约公元前3300—前2200年
高11.4厘米、足径12.3厘米
浙江杭州良渚出土

簋为盛食器，始见于新石器时代，流行于商周时期。

# 青铜威仪

商周至战国时期是中国古代青铜文化的鼎盛时期。考古发掘中出土了大量的青铜饮食器具，这些青铜饮食器具的器形多样、纹饰繁缛，尤其是狰狞的兽面纹，体现出一种神秘和庄严之美，是当时社会等级森严的象征。

**兽面纹铜尊**

商（约公元前16—前11世纪）
高44.9厘米、宽33.9厘米
河南新乡出土

尊出现在商代早期，与罍、卣、瓿等皆为盛酒器。早期的尊体量较小，可以一人抱持将酒倾倒在斝或爵中；商代晚期，尊的体量激增，只能用斗类的工具舀酒出来。尊在商周时期是重要的礼器，在祭祀、宴乐等礼仪场合发挥着至关重要的作用。商周时期，与圆形青铜器相比，方形的青铜器的使用者的身份和地位更高。

## 窃曲纹铜罍

西周（约公元前11世纪—前771年）
高24.9厘米、口径15.5厘米
陕西长安普渡村长思墓出土

此器以云雷纹为地，肩部间饰窃曲纹与涡纹，腹部饰8组窃曲纹，分界规整。

罍作为盛酒器，与尊有着几乎相同的功能。罍自商代早期便已出现，一直沿用到春秋晚期。

## 铜盨

西周（约公元前11世纪—前771年）
高18.4厘米、口径22.9厘米、底径16.3厘米

盨是盛放黍、粟、稻、粱等饭食的礼器或食器。出现于西周中期后段，主要流行于西周晚期，到春秋初期已基本消失。盨一般呈偶数组合，基本式样多为椭圆形或圆角长方形，器与盖的造型相同，体量相当，器盖也兼有如今盘子的功能。

**云纹双兽耳铜壶**

春秋（公元前770—前476年）
高66.5厘米、口径25厘米

早期青铜壶是一种盛酒器，流行时间很久，从商代早期直到汉代，式样颇多。春秋以来壶同时也可以用为盛水的器皿。

## 蟠螭纹铜提梁壶

战国（公元前475—前221年）
高29.6厘米、口径7厘米、底径18.8厘米

提梁壶是盛酒器，是铜壶的一种。战国时期青铜铸造技术高度发展，模制镂空的锁链及模铸的细密蟠螭纹，体现了当时工匠们高超的技艺。

## 漆木华美

中国漆器工艺是中华文化宝库中一颗璀璨夺目的明珠。从新石器时代开始，人们就认识了漆的性能并用以制器。战国时期，开始流行漆木质饮食器具，其制作工艺十分精湛，在器形和纹饰上，都显示出纤巧、活泼、清新的审美风格。

## 彩绘云纹漆案

战国（公元前475—前221年）
高4.8厘米、长48.7厘米、宽30.5厘米

此案为餐饮用具，质地轻薄，造型轻巧，四沿儿高起，以防止汤水外溢。案内髹红、黑两色漆，黑漆地上绘红色云纹。先秦时期，人们席地而坐，用餐采用分食制，即每人面前摆放一张漆案和成套餐具。成语“举案齐眉”中的“案”当指此种食案。

**彩绘云纹漆盘**

战国（公元前475—前221年）
直径20.3厘米

此盘为盛食器。盘内髹红、黑两色漆，黑漆地上绘红色云纹。马王堆汉墓出土的彩绘云纹漆盘中书写“君幸食”3字，意为“请您用餐”，且很多漆盘在出土时均盛放食物，如牛排、雉、鳜鱼、牛肩胛骨、面食等。

## 彩绘漆耳杯

战国（公元前475—前221年）
高4.2厘米、口长14.6厘米、宽11厘米

此漆耳杯外髹黑漆，内髹朱漆，边缘及双耳绘云纹。耳杯是战国时期十分流行的一种饮食器，其椭圆形带双耳的造型很独特、时尚。当时，漆器手工业得到巨大的发展，生产出来的漆器种类丰富，色彩艳丽，工艺先进，深受人们的喜爱，逐渐应用到社会生活的各个方面。

## 临安府符家黑漆盂

南宋（1127—1279年）
高7.2厘米、口径18.6厘米

此盂为盛食器，薄木胎，表里髹黑漆，外壁近口沿处朱书“壬午临安府符家真实上牢”十一字。壬午指的是南宋绍兴三十二年。“符家”为制造商名字。“真实上牢”意思是漆色光亮，牢固耐久，为当时的广告标语。

## 碧天款铜扣漆蜀葵碟

南宋（1127—1279年）
高2.1厘米、口径7.2厘米

此碟为餐桌筵席上的果碟。外底心有朱漆阳文篆书“碧天”二字。素色漆器在宋代很常见。为了打破素面漆器的单调，一些工匠采用对器物口沿加扣的方式以增强其装饰性。蜀葵式是当时比较流行的式样。

**剔犀方形餐盒**

明（1368—1644年）

高20.2厘米、宽13厘米

这件餐盒共有5层，以子母口扣合。剔犀为雕漆工艺中的一种，是用两种或三种色漆（多为黑红二色），在胎骨上用漆刷若干道，积成一定厚度，然后用刀雕刻出有规律的几何图案。由于在刀口的断面显露出不同颜色的漆层，与犀牛角横断面的效果极为相似，故名剔犀。

## 雕填缠枝莲五蝠捧盒

清（1644—1911年）
通高10.7厘米、口径29厘米

此盒内壁髹黑漆，外壁髹朱漆，盖面一周是12朵如意云头并开光，内以卍字绣球为锦地，以绿叶衬托的6朵红色海石榴花绕作花环，环心是五蝠捧牡丹。漆盒是富豪官绅家庭的常见家居用器，多用于盛放干果等食品。

## 剔红冰梅纹葵花式攒盒

清（1644—1911年）
通高17.6厘米、口径39.5厘米、底径33厘米

此盒为木胎，是黄漆剔刻的方胜锦地，上压茶褐色冰裂纹，通体冰梅布置出清寒里的娇艳。盒内设九个掐丝珐琅攒盒，四周八个饰缠枝莲与如意云内外环绕的暗八仙，千年一结实的三个仙桃占据中心。攒盒是始于明朝万历年间，流行于清朝康熙年间，延续至清末的成套餐具，由一定数量、各种式样的小盒拼攒成一个多格的大盒，用以盛装不同的小菜或果点。

大清乾隆年製

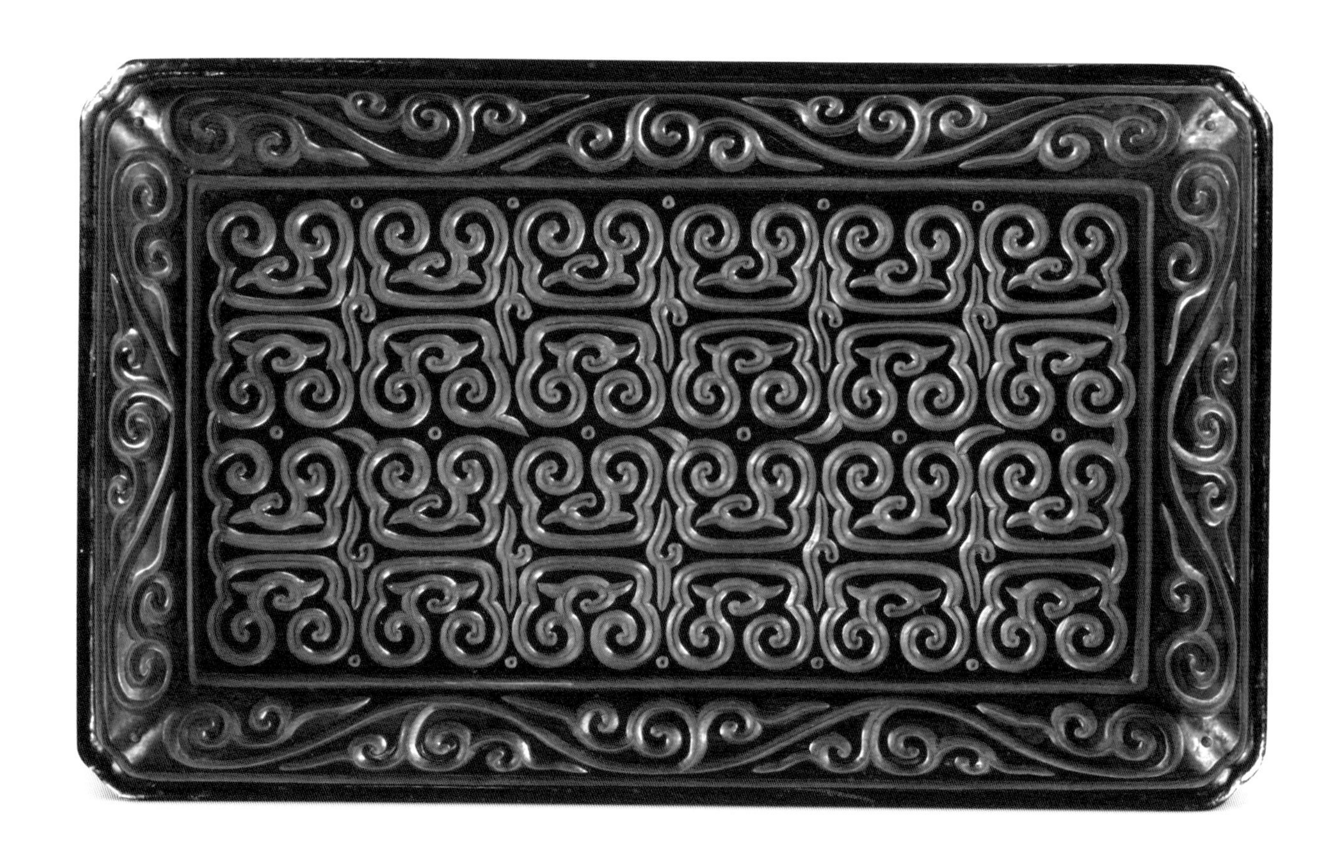

**剔犀云纹委角盘**

明（1368—1644年）
长47.5厘米，宽28.6厘米

漆盘多用于盛放食品或饮食器具。此盘木胎黑漆，内外均雕云纹，堆漆甚厚，晶莹照人，刻工圆润，艺术价值极高。剔犀作为雕漆工艺的一种，指在漆胎上以两种以上颜色的漆有规律地逐渐积累，待器物表面的漆层足够厚的时候，再用刀子在器物上雕刻出图案，这样涂抹过的漆色就从刀痕的断面中显露出来。

## 朱漆皮胎彩绘葫芦式餐具盒

清（1644—1911年）
大盘直径19.5厘米
小盘直径14.3厘米
圆碟直径8.3厘米
花口碟最大径5.8厘米
酒杯直径5.5厘米
碗直径分别为9.8厘米、11.5厘米、13厘米、18.6厘米

最早在东周时期就出现了餐具统置于一器的餐具盒。这套皮胎餐具盒，遍身朱漆彩绘，全套含大盘4件，小盘12件，圆碟、海棠花口碟、酒杯、饭匙各8件，从大到小四种尺寸的碗32件。诸器外壁或内心分别彩绘折枝花、牡丹、桃花、梅花、山茶、荷花。

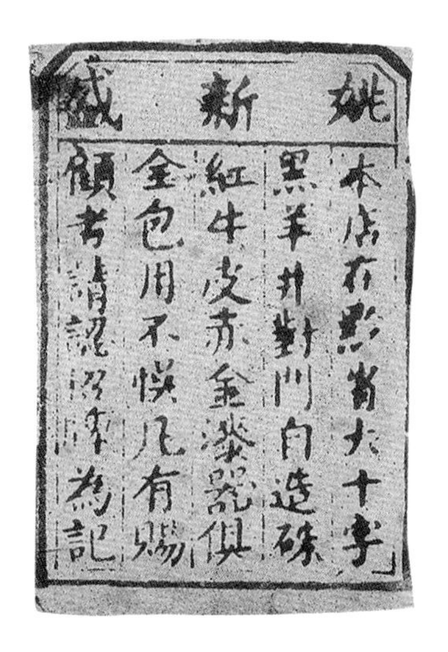

姚新盛

本店在黔省大十字
黑羊井對門自造硃
紅牛皮赤金漆器俱
全包用不悞凡有賜
顧者請認明本為記

## 瓷之风韵

瓷器的发明是中华民族对世界文明的伟大贡献之一。早在商代，中国就出现了原始瓷器。汉代完成了原始瓷器向标准瓷器的过渡，此后制瓷工艺水平和产量不断提高，为后来瓷质饮食器具的盛行奠定了基础。由于瓷质饮食器具有经久耐用、便于清洗、外观华美、成本较低等特点，所以它很快取代其他材质的饮食器具而成为中国人饮食生活中的主要用品。

## 原始瓷豆

西周（约公元前11世纪—前771年）
高7厘米、口径13厘米、足径7.8厘米
陕西长安普渡村长思墓出土

原始青瓷是由陶器向瓷器过渡阶段的产物，尚处于瓷器的低级阶段。西周时期，原始瓷器的制作工艺比商代有所提高，器形更加多样。

## 青瓷四系罐

东汉（25—220年）
高21.7厘米、口径12.9厘米、底径12.9厘米

此罐为盛贮器。东汉后期，在浙江绍兴、上虞一带首先出现了青瓷器。它在夏、商、周三代原始瓷和印纹硬陶的基础上发展而来，采用高岭土做胎，通体施釉，并且施釉技术由刷釉改为浸釉，胎釉结合更加紧密牢固。经1300℃左右的高温烧成后，胎质坚细，釉色晶莹，吸水率低，已具备了瓷器的各种条件。青瓷代表了汉代陶瓷工艺的最高成就。

## 瓷扁壶

晋（265—420年）
高22厘米、口径5.7厘米、最大腹径19.6厘米
江苏宜兴出土

瓷质扁壶流行于东吴西晋时期，系仿青铜器烧造，扁圆腹，高圈足或两片高足，器腹两侧有对称双系，便于系绳背挂。这是一件携带方便的酒器。

## 三瓣形瓷盏

五代（907—960年）
宽7.8厘米

隋唐五代时期，瓷质饮食器具种类繁多，同一种器形又因不同的窑口具有各自的风格，器类有釜、壶、瓶、碗、盘、碟、杯、盏等。

## 官窑粉青釉碗

宋（960—1279年）
高4.7厘米、口径13.9厘米、足径7.3厘米

官窑是宋代五大名窑之一，其特征为施釉厚，以粉青色釉最佳，晶莹润泽，犹如美玉；釉面多有纹片；器口及底部露胎处，呈灰或铁色，称“紫口铁足”。此碗釉色青中带粉，釉质莹润如堆脂，造型俊俏，是南宋瓷器中的优秀作品。宋代文人崇尚玉，瓷器的颜色也追求玉的失透感和玉的青色。

## 青白釉花瓣芒口小碗

宋（960—1279年）
口径10.5厘米、足径4.5厘米、高5.5厘米
“南海一号”沉船遗址出水

芒口即口沿无釉，是由于采用覆烧工艺，器物的口沿不上釉而形成的涩口。

## 青白釉菊瓣纹盏

宋（960—1279年）
口径11.2厘米、足径3.7厘米、高4.2厘米
“南海一号”沉船遗址出水

“南海一号”沉船出水瓷盏有荷叶式、海棠式、葵瓣式、菊瓣式、莲瓣式等多种形式。

## 青白釉叶脉纹花口盘

宋（960—1279年）
口径17.6厘米、足径5.3厘米、高3.4厘米
“南海一号”沉船遗址出水

景德镇青白釉是北宋年间景德镇制瓷工匠创烧出的一个瓷器品种，釉色介于青白之间，俗称“影青”。影青瓷多采用刻画花、印花装饰。因胎体半透明，光照之下，器物内外均可见隐约的淡青色及纹饰暗影，故又称“映青”“隐青”“罩青”。

## 青釉菊瓣纹盘

宋（960—1279年）
口径17.6厘米、足径5.3厘米、高3.4厘米
“南海一号”沉船遗址出水

“南海一号”沉船出水了大量宋代陶瓷器，主要有龙泉窑青瓷，景德镇窑青白瓷，德化窑青白瓷，闽清义窑青白瓷和青瓷，磁灶窑酱釉瓷、黑瓷、青瓷和绿釉瓷等，其中青白瓷占据了相当大的比重。

## 青白釉执壶

南宋（1127—1279年）
高21厘米、口径7.5厘米、底径6.8厘米

执壶为酒器，又称"注壶""注子""偏提"，盛行于唐宋时期。基本形制为敞口、溜肩、弧腹、平底或带圈足，肩腹部置一个流口，口部和腹部之间装有一柄。唐中期的执壶流较短，宋代执壶器身变得瘦长，部分制品常有配套的温碗。

## 白瓷马镫壶

辽（916—1125年）
高26厘米、腹径20厘米、底径11.5厘米
内蒙古赤峰出土

此壶外观似马镫状故称马镫壶。起初这种形制的壶是用动物皮革制成，是北方契丹游牧民族使用的典型器物。制瓷业在中国北方边疆地区发展起来之后，开始烧制瓷质的马镫壶。此壶整体保留了装饰性的缝线痕迹，虽壶盖已失，但从其逼真的造型与细致的做工，可见辽代的北方白瓷制造工艺同样出色。

## “南海一号”古沉船与出水瓷器

“南海一号”古沉船是宋代古沉船中保存最完整的远洋贸易商船，其船载瓷器囊括了宋代海外贸易瓷器的主要窑系品种。这些瓷器做工精美，体现了宋代海外贸易瓷器生产的最高水平，也是宋代中外饮食文化交流的一个缩影。

宋代是我国社会发展史上一个繁荣的时期，经济和科技都有了长足的发展，中国与周边及西方诸国的海上贸易有了飞速的发展。宋代主要出口商品有瓷器、丝麻纺织品、金属制品、日用品和食物，其中瓷器作为中国特有的商品占据了货物的大部分，其美观又方便洗涤，是理想的饮食器具。因此中国的海上丝绸之路也被学者称为“陶瓷之路”。“南海一号”充分反映了宋代海外贸易货船的真实面貌。宋人崇尚淡雅青白的审美取向，使得青白瓷成为中国文化的一个高层的艺术范畴。“南海一号”出水瓷器中就包括大量的景德镇青白釉瓷器，有碗、碟、盘、壶、罐等。

## 耀州窑青釉印花水波游鱼纹瓷盏

宋（960—1279年）
高3.8厘米、口径9.9厘米

器内印层层的波涛纹和四尾游鱼，碗心为一对花萼。外壁光素，釉层厚而匀净，釉内有分布均匀的小气泡。

印花是宋代耀州窑的主要装饰技法之一，题材以牡丹、菊花等图案为主，水波游鱼纹较少见，该碗印花纹饰自然流畅，风吹波起，鱼随水游，动态感很强。

## 青釉高足杯

元（1271—1368年）
高7.6厘米、口径8.5厘米

瓷制高足杯为饮酒器，始盛于元。其形制受藏蒙地区民族器物影响，因此又称为“马上杯”。

## 青花花果八格食盘

明（1368—1644年）
高5厘米、口径26.4厘米

盘内八个格子中分别绘葡萄、石榴、牡丹、菊花等折枝花果，蕴含子孙昌盛、连绵不断、生生不息之意。

**青花缠枝花纹菱花口盘**

明（1368—1644年）
高6.5厘米、口径33.2厘米、底径21.5厘米

明代，花卉纹大盘经常作为外销品大量销售到广大的伊斯兰地区。缠枝纹在明代也称“转枝”，多作主题纹样出现。用其做青花瓷的纹饰，盛行于元、明、清三代。

## 龙泉窑翠青釉缠枝莲碗

明（1368—1644年）
高13.5厘米、口径31厘米、足径12.9厘米

此碗色泽青翠，印花清晰。缠枝莲花是当时的常见装饰，变化多端且婉转流畅，寓意缠绵不断、生生不息。龙泉窑主要产区在浙江省龙泉市。它开创于三国、两晋，宋、元两代为鼎盛时期，结束于清代，生产瓷器的历史长达1600多年，是中国制瓷历史上最长的一个瓷窑系。

**粉彩福禄万代瓷碗**

清（1644—1911年）
高5.6厘米、口径12厘米、底径4.8厘米

碗外壁绘红蝠穿行于五彩缠枝葫芦中，寓意“福禄万代”，属雍正时期御窑珍品。

**青花折枝三果高足碗**

清（1644—1911年）
口径8.1厘米、高8.8厘米

## 红彩云龙纹瓷碗

清（1644—1911年）
高6.5厘米、口径13.4厘米、底径5厘米

碗壁上部绘九龙盘曲，下部以海水相托，组成九龙闹海图。瓷碗造型秀美，胎薄体轻，画工精湛，具有很高的水平，是雍正时期官窑精品。

**斗彩龙凤纹碗**

清（1644—1911年）
高6.7厘米、口径14.9厘米

清代的宫廷饮食器具上常见龙凤纹。龙为鳞虫之长，凤为百鸟之王，龙凤相配习称龙凤呈祥。

## 粉彩陶成图瓷板

清，中国国家博物馆藏

瓷板描绘的是瓷器烧制过程中拉坯成型、彩绘上釉、入窑装烧与束草装桶准备售卖的环节。陶成图是清代雍正、乾隆时期景德镇御窑督陶官唐英创制，雍正八年（1730年）唐英绘制了《陶成图》，乾隆八年（1743年）他又编写《陶冶图说》，图文并茂地对景德镇制瓷工艺进行了科学总结和记载，涵盖了制瓷过程中的20道工序，浓缩了我国明清时期景德镇陶瓷制作工序的全过程。该瓷板画工精细，人物生动，是记录古代瓷器生产过程的重要实物资料。

## 金玉典雅

在中国古代社会，金银质和玉质饮食器具多为社会上层使用的奢侈品，使用范围相对狭窄。唐代金银业有较大的发展，加之外来风气的影响，这一时期金银饮食器具的制造达到鼎盛。宋、元、明、清时期，玉质饮食器具种类增多，大多属于宫廷用品，一些器具的用途发生改变，变成用于陈设的艺术品。

## 鎏金狮子葵瓣三足银盘

唐（618—907年）
高8.1厘米、直径34.4厘米
陕西西安出土

中国本土不产狮子，唐代之前虽有狮子从西域进贡，但由于路途遥远，到达中原不易，且难以豢养，所以一般很难见到。隋唐时期，由于丝绸之路兴盛，商旅往来不绝，西域国家向唐代皇家进贡狮子的也就多了。根据唐墓壁画，此盘应为盛放果品用。

**乾符三年光启宫银漏勺**

唐（618—907年）
通柄长26.5厘米、勺径7.6厘米
陕西西安北郊南余寨出土

此漏勺柄部镌刻的文字是："光启宫乾符三年正月改造晟镂，壹枚重贰两叁钱叁字"。光启宫，是长安苑中的一个宫殿，据史籍记载，黄巢兵败后，曾经将长安城放火焚烧，唯独光启宫幸免于难。"乾符"是唐僖宗李儇的年号，"乾符三年"为876年。

漏勺本是寻常的饮食器具，但作为皇宫用器，无论器形、纹饰都力求精致华美，此器即为明证。

**莲瓣形单柄金杯**

辽（916—1125年）
高6厘米、口径9厘米、足径4厘米
内蒙古通辽出土

此金杯呈六瓣莲花形，柄由数朵云头纹组成。杯外壁錾刻有六组花卉、飞禽、瑞兽的图案，杯心又有一凸起雄狮滚绣球图像，口沿与底部都饰有联珠纹，做工十分精美。

宋、辽时期商品经济异常发达，社会财富激增，一般官僚、贵族和士人对金银器皿的需求也大大增加，由此带动了金银器制造业的繁荣。此一时期金银器的制作技术及风格继承唐代传统，以联珠纹、花卉、瑞兽纹为主。同时在工艺的细腻和繁复方面有所发展，其浮雕更具立体感。

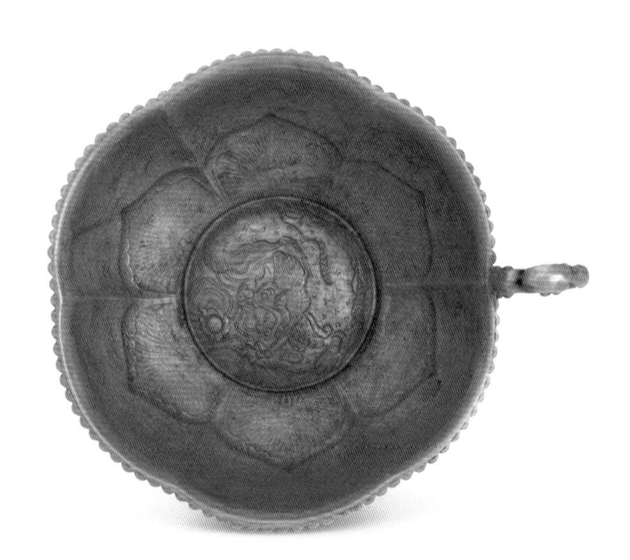

## 缠枝花纹长颈金瓶

辽（916—1125年）
高16.7厘米

唐、宋以降，贮酒用长瓶。花卉纹是辽代金银器纹饰的重要组成部分。辽早期至中期金银器上多见图案性的缠枝花、团花、花结、折枝花等，中晚期以后出现写实性很强的折枝花纹样。

**海棠式金盘**

元（1271—1368年）
口径15厘米、底径12.2厘米
安徽合肥出土

内底刻有“章仲英造”四字。与其同时出土的金银器有101件，个别器物刻有“庐洲丁铺”和“至顺癸酉”年款及“章仲英造”字样，章仲英可能是其手工作坊字号或工匠姓名。在实物与文献上留下姓名的元代工匠除了章仲英外，还有朱碧山、谢君余、谢君和、唐俊卿等。

## 金碗

元（1271—1368年）
高2.7厘米、口径8厘米、底径5厘米

此碗口沿外有一周凸棱，直口、浅腹、平底，素面无纹，内底边缘刻有“章仲英造”四字。元代上层社会和城市的酒楼饭庄普遍使用金银器。

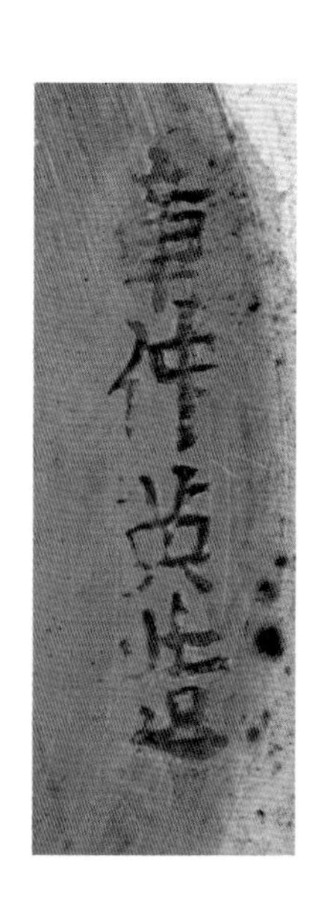

## 单把海棠式金杯

元（1271—1368年）
高2.3厘米、口径7.5厘米、底径4.7厘米

此杯口沿外有一圈凸棱、单柄形似斗拱，素面无纹，俯视为海棠花瓣形。内底近柄处刻有楷书“章仲英造”四字。

**银盘**

元（1271—1368年）
直径16.5厘米
安徽合肥出土

与此银盘一同出土的还有101件金银器，基本是食具，包括盘、杯、碗、勺、筷、壶等11种类型，反映元代贵族生活中饮食器的使用十分讲究。

**镀金飞鸾牡丹纹铜碗**

明（1368—1644年）
高12厘米、口径22.7厘米

此碗为敞口、弧壁、深腹，下腹内收，高圈足，外壁饰以飞鸾缠枝牡丹纹。下腹为变形莲纹，内壁饰以卷龙纹。底部饰海水飞龙纹。口沿饰缠枝花卉纹。此碗镀金虽有脱落，但牡丹花卉纹饰仍显出雍容华贵，飞龙、飞鸾逼真生动。

**鎏金刻花寿字铜碗**

清（1644—1911年）
高6.1厘米、口径13.3厘米

此碗为敞口、弧壁、深腹、圈足。器身以细密的谷纹为底，开光处为“寿”字纹间以折枝番莲纹。腹下部及底足处饰以变形莲瓣纹。器内底部为双鱼纹。此碗做工精巧，纹饰细致，特别是双鱼纹颇具生趣。

**金杯**

明（1368—1644年）
高7.8厘米
北京昌平定陵出土

**龙凤纹金执壶**

明（1368—1644年）
高21厘米
北京昌平定陵出土

执壶为明代主要的斟酒器。这件金执壶腹部饰龙、凤纹，主体纹饰采用锤制法，然后再用錾刻法处理细部，制成精美的图案，增添了宫廷器物的富贵气息。

## 玛瑙龙柄方斗杯

明（1368—1644年）
长14厘米、高5厘米

玛瑙器作为贵重的饮食器具，主要被上层社会的少数人拥有和使用。玛瑙质地的碗和杯色彩斑斓，晶莹剔透，展现了高超的琢雕技艺。

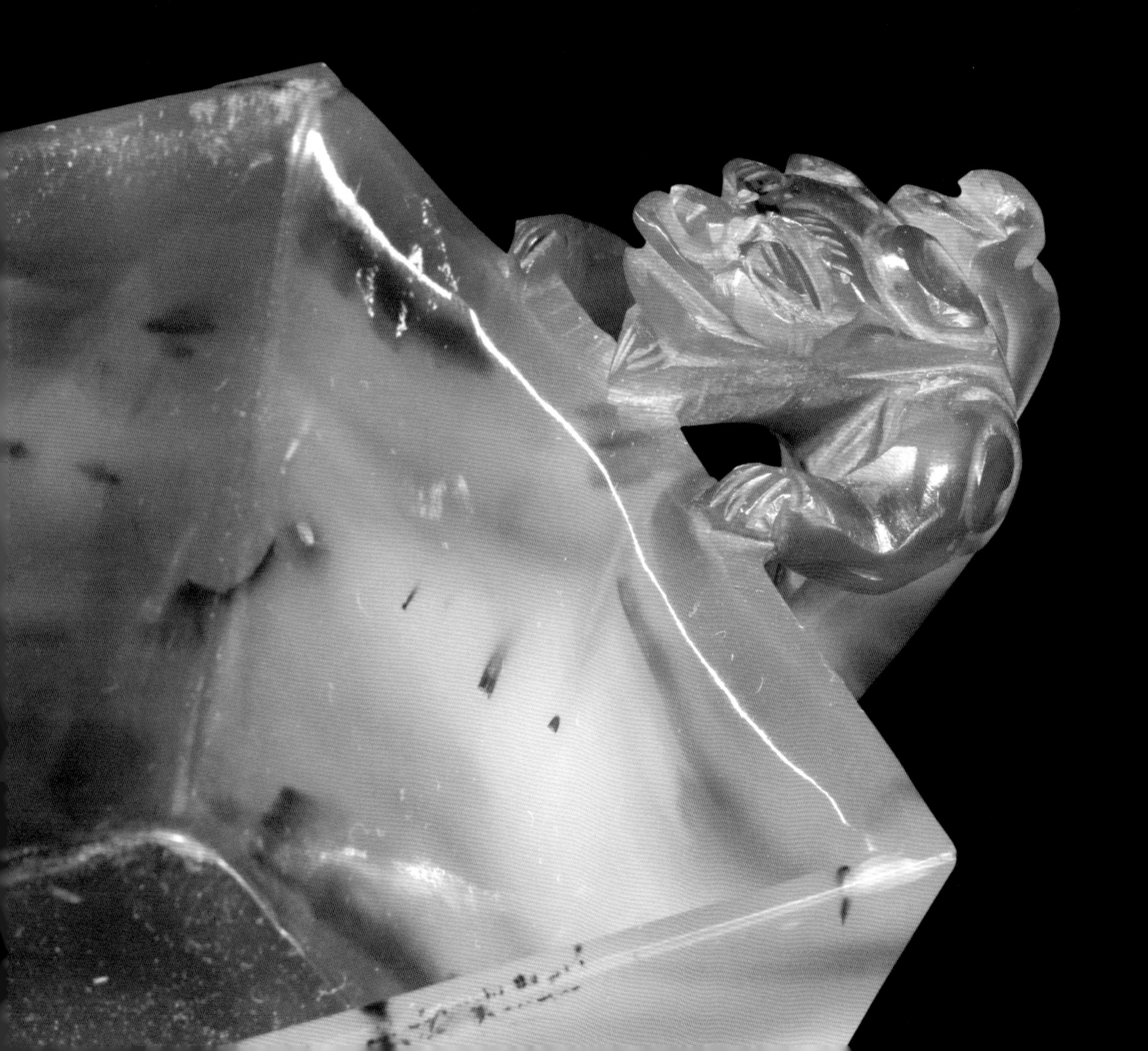

## 玛瑙碗

宋（960—1279年）
高3.2厘米、口径9厘米

以红黄色玛瑙琢雕而成，器形为八瓣莲花式，内壁有红、黄、紫、白、黑5种颜色，形成似云状花纹。整器自然流畅，充分展现了玛瑙色彩斑斓、晶莹剔透的特性，同时展现了高超的治玉技艺。

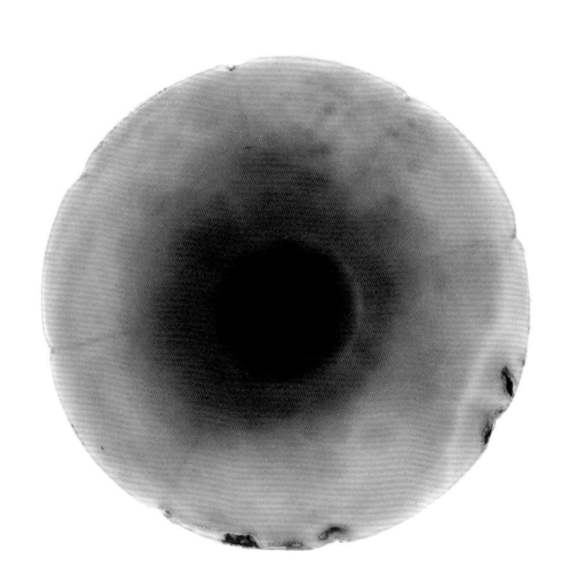

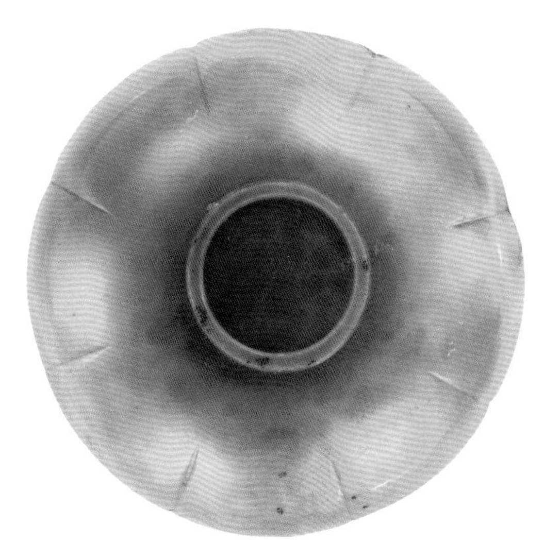

## 白玉双凤耳杯

明（1368—1644年）
高7厘米、口径8.6厘米、足径4厘米

此玉杯内壁光素无纹，外口沿饰回纹一周，外壁两侧各透雕一凤为耳，凤口衔杯沿，展双翅与杯壁相连。双凤尾贴附于杯身，形成器物上的图案花纹。该凤纹与江西景德镇珠山明代御窑厂遗址永乐地层出土的永乐青花凤纹高足杯上的凤纹十分相似。故此耳杯应为明代早期宫廷用器。

白玉回纹双螭耳方斗杯

明（1368—1644年）
长14厘米、高4厘米

青玉花形雕鸳鸯莲花耳杯

明（1368—1644年）
长17厘米、高5厘米

## 白玉执壶

清（1644—1911年）
通高14.7厘米、口径7.6厘米、底径6.7厘米

此壶为清宫旧藏，是乾隆时期宫廷用器。壶体选用和田白玉制作，质地光洁莹润，造型优美，雕刻规整流畅，有很高的艺术价值。

## 白玉桃形单耳杯

明（1368—1644年）
长15厘米、高4厘米

**白玉兽纹三足盖碗**

清（1644—1911年）
高14.3厘米、口径16厘米

中国最早的玉质食器可以追溯到商代晚期，安阳殷墟妇好墓中出土过青玉制成的簋。战国时期玉质饮食器数量渐多，此后一直到明清，玉质食器以酒具最为常见，像这样的食具比较少见。

## 琥珀透雕龙纹杯

明（1368—1644年）
高5厘米、口径7厘米

此为明代宫廷所用的酒器。外壁透雕双龙纹、云纹和枝干纹。

琥珀为树脂化石，色泽纯净，剔透明亮，最早的琥珀制品在东汉墓中有出土。琥珀所制的饮食器具极为稀少，珍贵无比。

## 水晶双耳杯

清（1644—1911年）
高6.1厘米、口径9.7厘米

此为清代宫廷所用的酒器。内外壁光素无纹，杯外侧有对称把柄，底部有“乾隆年制”四字篆书款。

浙江杭州拱墅区半山镇石塘村战国墓葬中出土的水晶杯是目前我国出土水晶杯中体量最大的一件，也是目前考古发现最早用水晶制成的容器。清代是水晶制品的高峰时期，造型多样。

# 鼎中之变

火的使用使远古先民脱离了『茹毛饮血』的饮食生活，从生食到熟食的转化是人类发展史上一个重要的里程碑，可以说是人类饮食文化的起点。俗话说『水火不容』，但充满智慧的中国古代先民在烹饪上实现了『水火相成』：只要让水、火之间有一层薄薄的隔离，它们就能共存相成。

釜、鼎、鬲、甑等首批被发明出来的炊具决定了中华民族数千年来的烹饪技法以蒸、煮为主。汉代是中华饮食文化发展史上的重要时期，其在粮食储藏和加工、主食制作、菜肴烹调、饮食习惯等诸多方面都奠定了后世两千多年的基本饮食格局。不同民族的饮食文化在传播过程中互相吸收，融会贯通，逐渐形成了世界上独树一帜的中华饮食文化。

## 烹饪有术

中国古代烹饪技法包括蒸、煮、炒、脍、炙、煎、熬、羹、炮、爆、脯、腊、醢等，多达数十种，可谓世界之最。其中，蒸和炒都是中国人的独创。近代西方人有了蒸汽锅炉以后，也利用蒸汽来蒸熟食物。但是炒法，至今仍为中国人所独有。

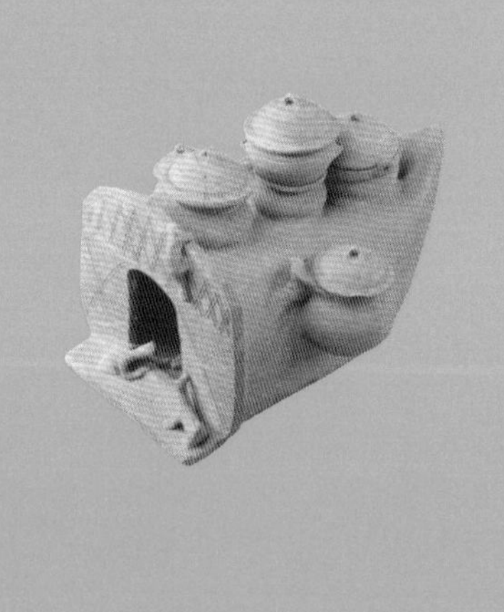

**扁足陶鼎**

新石器时代　良渚文化
约公元前3300—前2200年
高31.6厘米
浙江吴兴钱山漾出土

鼎底部三足呈鱼鳍状，足边缘向外弧出，腹部下垂，既增加了鼎的稳定性，也使鼎腹内炊煮的食物不易溢出。

**附加堆纹灰陶鼎**

新石器时代　仰韶文化
约公元前5000—前3000年
高27.7厘米、口径29厘米
河南陕县庙底沟出土

鼎是最早出现的陶质炊具之一，一般由耐火烤、不易破裂的夹砂陶制成，鼎底部有3个实心足，足间可以燃火加热。

### 陶斝

新石器时代　庙底沟二期文化
约公元前2900—前2300年
高24厘米、口径14.7厘米
河南陕县庙底沟出土

新石器时代的斝底面多有烟炱，腹内有残存的水垢，说明其应是煮水煮粥的炊具而不是专用的酒具。进入夏代后，斝逐渐以盛酒、温酒为主。

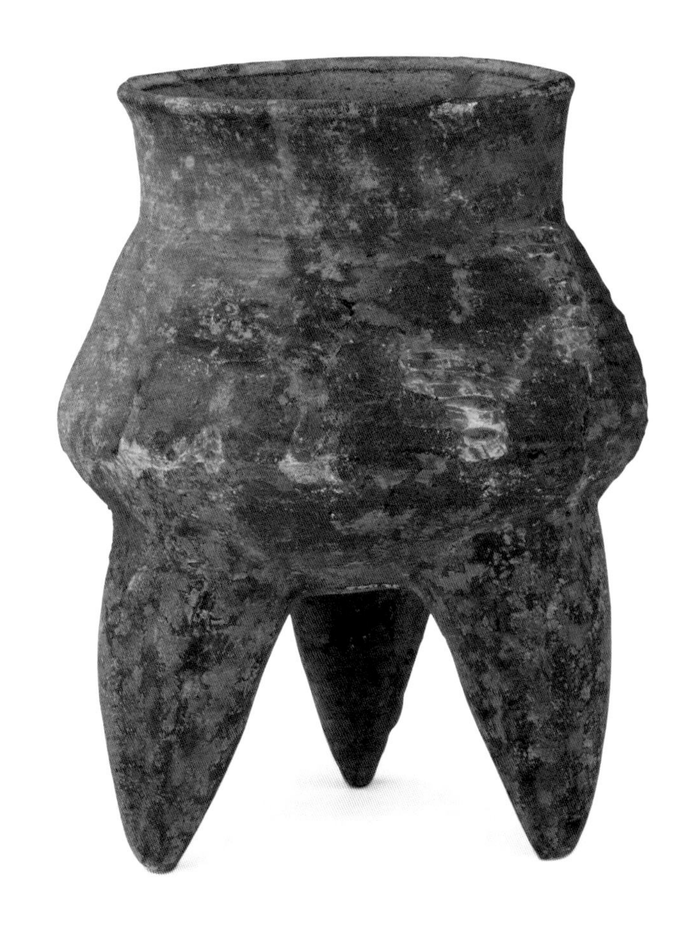

### 单耳陶鬲

新石器时代　客省庄文化
约公元前2300—前2000年
高14厘米、口径10.4厘米
陕西西安客省庄出土

陶鬲应是煮水煮粥的炊具。从烹饪角度看，鼎是将食物和水混合后加热炊煮；鬲除了炊煮功能外，本身还是蒸器的部件。使用时，鬲的腹部与袋足盛水，鬲上放置底部有漏孔的甑，甑内放食物。在鬲的底部燃火加热，用水蒸气蒸煮甑内的食物。与上述鼎的炊煮方式相比，蒸煮过的谷类食物显得体积较小。而且鬲的出现远比鼎和其他直接炊煮的食器晚。因此鬲作为一种炊器，以及蒸煮方式的出现，表明粮食的产量及剩余有所增多。

## 陶釜灶

新石器时代　仰韶文化
约公元前5000—前3000年
釜口径16.2厘米、高12.2厘米
灶口径29.7厘米、底长25.2厘米、高15.8厘米
河南陕县庙底沟出土

釜和灶均系夹砂红褐陶，釜放置在灶上配套使用。釜即古代的“锅”，是一种新石器时代广泛使用的蒸煮炊器，是最早出现的炊具之一。

## 绳纹黑陶釜

新石器时代　河姆渡文化
公元前5000—前3300年
口径17.1厘米、底径9.9厘米、高14.5厘米
浙江余姚河姆渡出土

陶釜用手工贴塑而成，广口、鼓腹、圜底，翻唇下折，颈腹连接处有肩脊相隔，腹部饰绳纹。胎质为夹炭黑陶，质地疏松，重量较轻，吸水性强。在制作陶釜时，河姆渡人有意在陶泥中掺入稻壳及稻的茎、叶碎末，以此减少黏土的黏性和避免因干燥收缩而导致的开裂。陶釜在使用时需要用陶支脚支撑起来，釜底的空间可以放上柴薪点火烧饭。成语“釜底抽薪”的语义正是源于此种情境。陶釜在单独使用时比较适于煮食。后来人们在有些釜的上部放置一个底部带许多孔眼的甑，相当于我们现在的笼屉，釜就兼具蒸食的作用了。

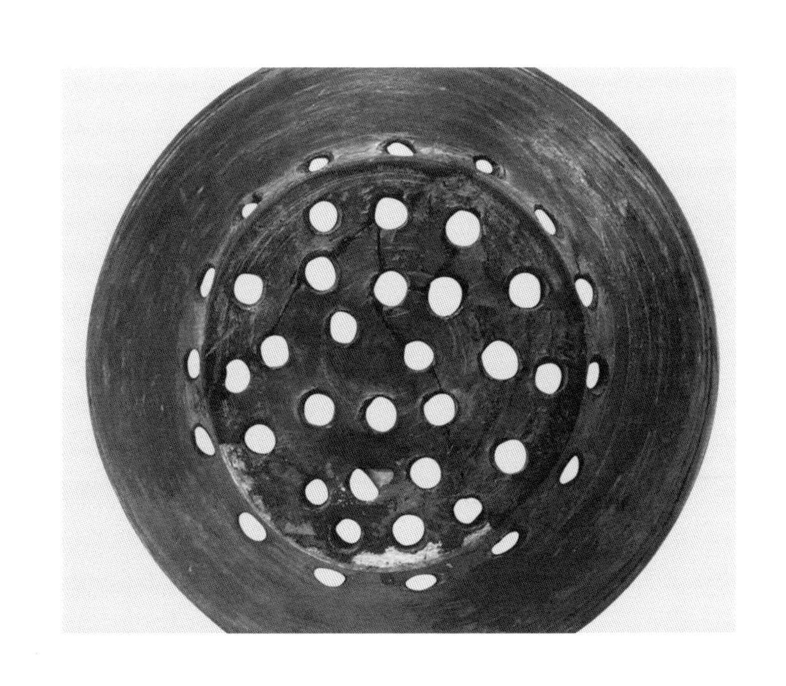

**陶甑**

新石器时代　三里桥文化
约公元前2500—前2000年
高17.4厘米、口径16.5厘米、底径9.3厘米
河南陕县三里桥出土

这件陶甑为泥质灰陶，由快轮制成，器形规整，折沿、深腹，平底带镂孔。

釜熟是直接利用火的热能，谓之煮，甑烹是利用火烧水产生的蒸汽能，谓之蒸。甑底部有箅孔，利用蒸汽熟化食物，是人类对蒸汽的最初开发和应用。

**铜釜**

汉（公元前202—公元220年）
高27.5厘米、口径51厘米

釜类器中大口者称镬，为烹煮用器。釜可单独使用，也可釜甑配套使用。釜甑配套，主要用于蒸饭。单独使用的釜多用于烹煮肉食。釜与鍪外形近似，一般把有耳的称为鍪，无耳的称为釜。

## 铜鍪

西汉（公元前202—公元8年）
高21.8厘米、口径20.7厘米
湖南长沙伍家岭出土

鍪实际是釜的一种变体，最早见于四川一带战国中期的蜀人墓葬中。战国时期的鍪一般与甑配套烹饭，汉代的鍪则大多单独使用。广州南越王墓共出土铜鍪11件，大小相若，排列有序。铜鍪外底部有烟炱痕，有的还粘附着铁三足架的圆箍，旁边叠放铁三足架9个，说明鍪是放置在铁三足架上炊煮的。从鍪内发现青蚶、龟足等海产品推定，铜鍪主要用于烹煮介壳类食物。

带铁架的铜鍪

西汉，南越王博物院藏

**铜甗**

西周（约公元前11世纪—前771年）
通高52厘米、口径31.2厘米

甗由鬲和甑两部分组成。如鬲、甑分别铸造，使用时临时组装，即为分体甗，其优点是便于拆卸，可以任意搭配组合；将鬲和甑铸接在一起而整体使用的，则为联体甗，联体甗较分体甗更加稳定坚固。

**妇好三联甗**

商，中国国家博物馆藏

河南安阳殷墟妇好墓出土的联体甗可以同时蒸制3种相同或不同的食物，颇适合王室的大型祭祀或宴享的需要。

## 铺首衔环铜甗

汉（公元前202—公元220年）
通高40.5厘米
河南陕县后川出土

此甗由甑、釜、盆组成。甑底作箅，箅孔呈细长条形，底中为井字排列，四周呈放射状。腹侧饰衔环铺首一对，上腹有宽带凸弦纹一周，甑足插入釜内，釜上有一对衔环铺首，颈下有宽带纹一周。盆与甑相似，底饰乳突状三足，腹内壁等距排列三乳钉。出土时釜底、盆底均有烟熏痕迹，应为实用器。整器腹部的衔环既有装饰功能，也使器物更方便移动。

**船形陶灶**

东汉（25—220年）
高26厘米
广东广州先烈路出土

此陶灶似船形，一端上翘，灶面上有3个火眼，上置釜形炊具，灶身两侧附汤缶，灶门口堆塑狗、猫等动物形体。

汉代对灶很重视，认为灶是生养之本。西汉中期以后，随着厚葬之风的盛行，与人们生活紧密相关的陶灶在随葬品中开始增多。当时，江南各地流行船形灶，至东汉晚期，船形灶后部拢合上翘。除放置北方常见的釜甑外，南方陶灶上往往在前面的火眼上置双耳锅。广东广州地区出土的陶灶还常在灶台两侧附装汤缶，并塑出庖人及猫、狗的形体，而不像北方陶灶在灶面上模印或刻画厨具和食品等纹饰，反映了地方饮食习惯和风俗的差异。

汉代壁画中的灶

**橙黄釉陶灶**

唐（618—907年）
长11.2厘米、宽8.5厘米、高8.7厘米

从秦汉时期开始，随葬器物呈现出明显的世俗化和生活化趋势，灶就是其中的代表之一。当时墓葬中随葬陶灶基本成为定制，这种风气一直延续到唐代，影响遍及全国。

## 方陶灶

元（1271—1368年）
高17厘米、宽21厘米
陕西西安曲江池出土

元代的灶与现代农家灶具形制差别不大。福建将乐县元墓壁画显示灶上架有两锅，左边的锅上置木蒸桶，右边锅台旁置有小罐、钵。灶前有烧火人坐的小木凳，凳左边搁置有夹火钳、捅火棍等用具。

元代壁画中的灶

《祭灶图》

王弘力绘《中国民俗百图》

中国人有祭灶的传统。祭灶时间北方在腊月二十三日，南方在腊月二十四日。祭灶前夕，要把旧年的灶神像取下来，晒干，以利祭灶上天时焚烧。同时要准备祭品。祭品以甜食为主，以便封住灶神的嘴，请他上天言好事。

中国古代，每个家庭都有一个火灶或火炉，灶是生养之本，对中国人而言具有重要的文化意义。在中国传统社会中，当儿子长大成人以后，娶了妻子，从父母的家庭独立出去而另外组成一个新的家庭之时，就需要“另起炉灶”了。

**铜烤炉**

汉（公元前206—公元220年）
长39.5厘米、宽22厘米、高15.2厘米

汉代社会流行以烤肉佐酒的饮食习惯。此为时人用来烤肉的器具，使用时，炉内放炭火，炉上放置肉串或大块肉。

**魏晋画像砖上的烤肉串场景**

甘肃嘉峪关魏晋墓葬砖画中既有手拿肉串送食的“烤串人”，也有手握肉串端坐在筵席上的食客。

**厨娘斫鲙图砖雕**

宋（960—1279年）
长39厘米、宽24厘米、厚2.2厘米
传河南偃师酒流沟宋墓出土

成语“脍炙人口”的原意是美味的东西人人爱吃，比喻人人都称赞的事物。脍指切得很细的肉，炙指烤熟的肉。脍法常见于治鱼，吃法与今日的生鱼片相类。中国古人吃生鱼片的历史很早，《周礼》中即有“燕人脍鱼”的记载。此砖雕图中挽起衣袖的厨娘大概正在准备家宴的主菜——斫鲙（亦作“斫脍”）。那案上几条活鱼，便是斫鲙的食材，斫鲙即将生鱼切成薄片，食用时佐以姜。

### “清河食官”铜染器

汉（公元前202—公元220年）
通高15.6厘米、直径16.7厘米

据史籍记载，两位偶然相遇的齐国武士因饮酒无肉，于是相约彼此割对方身上的肉“具染”而食，至死而止。这里的“染”指的是豉、酱类的调味品。此器具相当于汉代的小火锅。汉代人习食较烫的调料，所以需用此器具不断地给调料加温。

**中国古代的调味品**

饮食发展史就是人类不断追求美味的探索历程。中国古代的调味品大致可分为自然生成和人工酿制两类，前者主要有盐、蜜等，后者主要包括醋、酱、豉等。根据味型不同，又可将调味品划分为酸、苦、辛、咸、甘等五味。烹饪中的五味调和是中华饮食文化的一项重要原则。

酸味：醋

魏晋，滤醋画像砖

酸味一直与咸味并称为中华民族的两大食味。中国是世界上用谷物酿醋最早的国家，制醋在周代已经出现。醋在古代称为“醯”或“酢”。考古发现的魏晋画像砖上的滤醋图，形象地表现了人们生产醋的过程，体现了当时较为成熟的制醋技术。北魏贾思勰《齐民要术》中记载了20余种“酢”的做法。

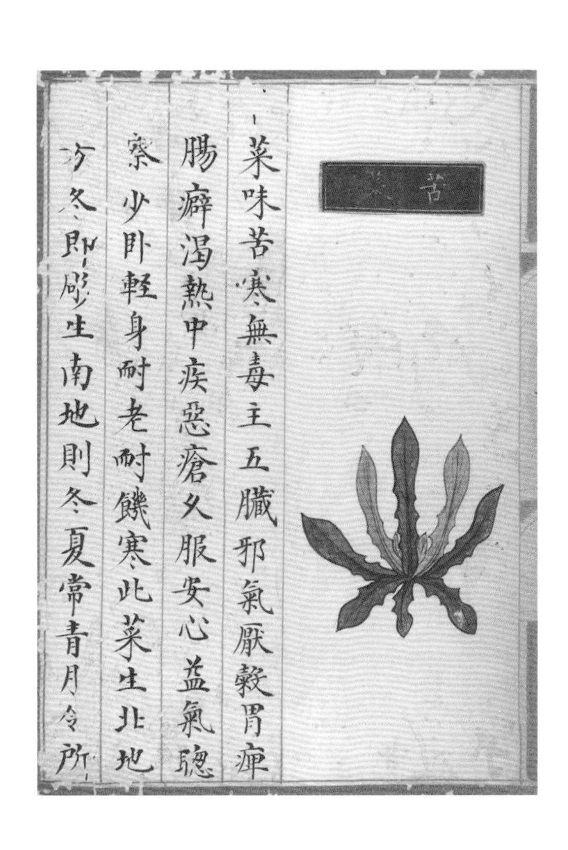

苦菜

菜味苦寒無毒主五臟邪氣厭穀胃痺腸澼渴熱中疾惡瘡久服安心益氣聰察少卧輕身耐老耐饑寒此菜生北地冬即彫生南地則冬夏常青月令所

苦味：苦菜、苦瓜、茶、酒

古代先民们很早就高度重视苦味食料的调味与养生作用。《周礼》在谈及周王室的饮食制度时，即有“夏多苦”的记载。从本草学角度说，具有“苦”性的食料是比较广泛的，如茶、苦菜、苦瓜等。此外，酒也可以用作苦味调料。

辛味：花椒、姜

花椒是人们经常食用的辛辣香料。湖南长沙马王堆和广西贵县汉墓均出土有花椒实物。汉代皇后所居的宫殿之所以被称为“椒房殿”，一说是因为花椒具有芳香的味道且可以保护木质结构的宫殿，有防蛀虫的效果；另一说是因为花椒多籽，取其“多子”之意。

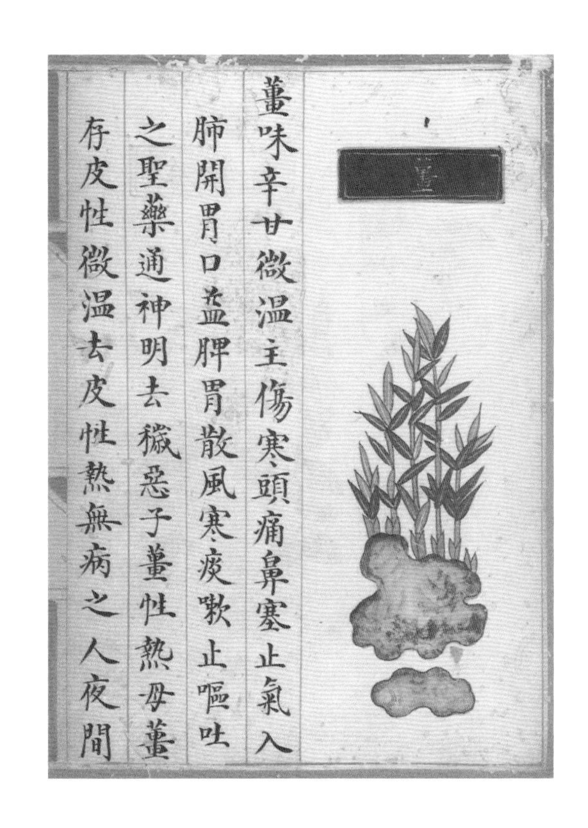

薑味辛甘微温主傷寒頭痛鼻塞止氣入
肺開胃口益脾胃散風寒痰欬止嘔吐
之聖藥通神明去穢惡子薑性熱母薑
存皮性微温去皮性熱無病之人夜間

姜礤

西汉，南越王博物院藏

姜可以用来祛风寒、去腥膻，对生鲜肉食的烹饪极为重要，古人很早就已深谙此道。广州象岗南越王墓出土的姜礤就是一件制作姜汁的神器。与葱、韭等一些具有调味性质的蔬菜不同，姜不能单独佐食。从古至今，姜的主要功能还是为肉类菜肴调味。

咸味：盐、酱、豆豉

西汉，盐场画像砖

咸味调料中最重要的是盐，人类所认识和利用的所有调味料中，没有哪一种比盐更重要。无论是从被认识和利用的时间，还是应用范围，抑或是倚重程度来看，盐的地位都远非其他调味料可以比拟。

醬

部鼈瘡吐胸中痰癖止心腹卒痛堅齒
止齒縫出血中蚯蚓毒化湯中洗沃之
又用接藥入腎利小便明目止風淚多
食傷肺喜欬又令人失色膚黑赤血損筋
病嗽及水者宜禁之一種戎鹽其用稍同

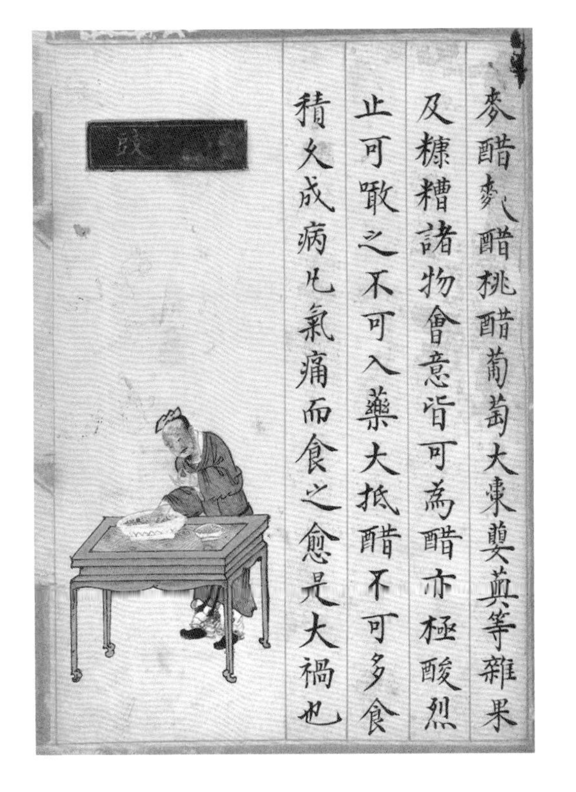

豉

麥醋麩醋桃醋葡萄大棗蘡薁等雜果
及糠糟諸物會意皆可為醋亦極酸烈
止可噉之不可入藥大抵醋不可多食
積久成病凡氣痛而食之愈是大禍也

酱

《周礼》中已有“百酱”之说，所以酱的制作发明，应该在周之前。春秋以降，酱的含义发生变化：由传统的咸味的醢和酸味的醯两大系列调味料，逐渐独立并发展为主要指咸味的非肉料调味品，并终于在汉代确立了以大豆为主要原料的特征。由于酱经过了一段发酵期，所以它的味道较盐更为厚重。

豆豉

豆豉是大豆煮熟后经发酵工艺制成的调味品。中国发明豉的时间不晚于春秋时期。豉拥有比酱更便于贮藏与携带的特点，所以同酱一样，豉也很早就走出了国门。作为中华饮食文化的使者，豉传入日本的时间不会晚于隋唐，传到朝鲜半岛则更早。

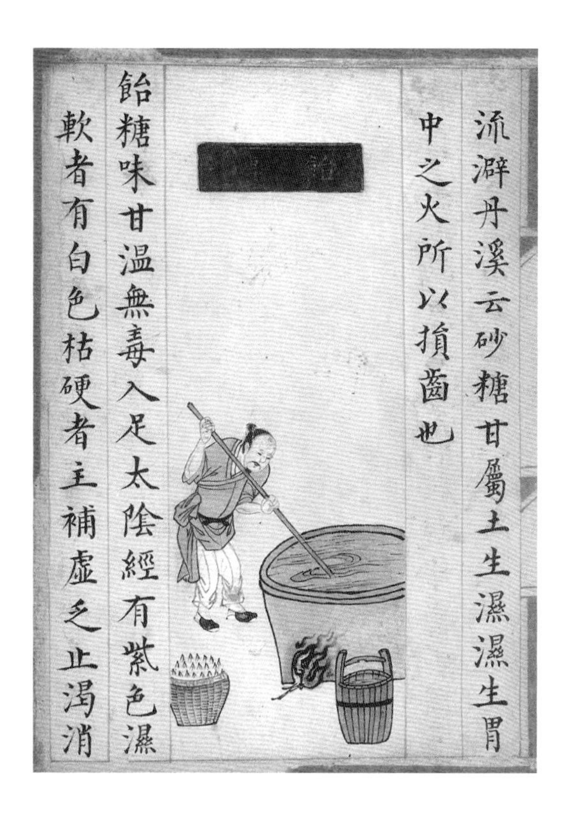


甜味：饴糖

甜味，是人类早期感知的味型之一，也是最具愉悦感的味型。在古代烹饪调味品中，糖字的出现比较晚，汉扬雄《方言》中才第一次出现糖字。汉代的糖称为“饴”，就是原始的麦芽糖。

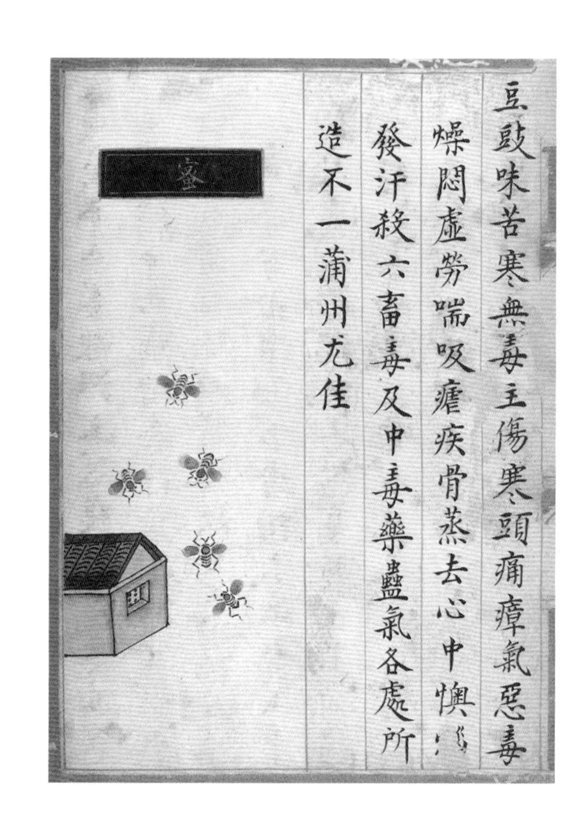


甜味：蜜

至迟至春秋时期国人已食蜂蜜。大约汉魏时期，已开始人工养蜂采蜜。据《三国志》记载，东汉末年，割据军阀袁术（袁绍的弟弟）在称帝后，遭遇众军阀征讨，在其逃亡途中，差人找蜂蜜而未果，大叫道：“我袁术已经到了这步田地了吗？”尔后，吐血身亡。

### 外来调味品

除了本土产制的调味品外，中国古代先民们还以博大的胸怀，吸收和引进了域外的调味品和加工技术，从而使得我国的调味品类别和品种更加丰富多彩，如汉代张骞出使西域后引入的大蒜、胡荽等，隋唐时期从印度引入的蔗糖加工技术及从东南亚地区引入的胡椒，明清时期传入我国的辣椒、洋葱等，这些外来调味品极大地丰富了我国古代的饮食文化。

胡椒

辣椒

洋葱

## 三足锡火锅

清（1644—1911年）
通高14.3厘米、口径19.3厘米

此为满族传统的火锅，器中间的圆柱内用来盛放炭火，周边放水。炭火加热后，在开水中将肉片边涮边吃。这种器皿及涮锅子食法至今仍流行于中国北方地区。

## 科举考生的炒锅与炒勺

锅口径15.5厘米
勺长12.6厘米

此为科举考场考生所用，炒锅与炒勺造型小巧，设计精妙。炒是中国乃至世界烹饪史上的大事，有学者认为中国最早的一例炒菜是南北朝时期的炒鸡蛋。

**献食女俑**

东汉（25—220年）
高39厘米
重庆化龙桥汉墓出土

献食女俑右手托一碗，左手托食盘，盘内摆放蒸饼，作奉献食物状。在汉代，饼是一切面制品的通称，除了蒸饼外，还有胡饼（从胡地而来的饼，类似今日的芝麻烧饼）、汤饼（未经发酵的死面蒸饼放在水中煮成）、蝎饼（蜜、红枣汁或牛羊乳脂和面制成）、髓饼（用动物骨髓、蜂蜜和面制成）、索饼（类似今日的挂面）等多种类别。

## 点心

唐（618—907年）
新疆吐鲁番阿斯塔那唐墓出土

隋唐时期，主食中麦类异军突起，成为北方主粮之首。这一时期，迎来了面食的新时代。发达的交通和开放的政策，使域外的面食品种及制作方法不断涌入，胡饼等“胡风面点”备受人们的青睐。

**面食制作女俑**

唐，新疆维吾尔自治区博物馆藏

## 擀面杖

清（1644—1911年）
长7.5厘米、宽7.5厘米、高23厘米

擀面杖是用来压制面饼的工具，多为木制，通过滚动捻压面饼，直至压薄成型。

## 月饼模子

清（1644—1911年）
长30.6厘米、宽17.9厘米、厚3.3厘米

月饼原为祭月贡品，是中秋节的最佳节物。宋代时，月饼已是市肆经营的点心品种。明代时，月饼作为中秋节令象征性食品的意义更加突出。到了清代，民间承袭了古代拜月、赏月、合家吃月饼与瓜果的习俗。

## 饽饽模子

清（1644—1911年）
长28厘米、宽13.4厘米、厚3.5厘米

“饽饽”是北方对面制食品的合称。饽饽模子是清代常见之物，是点心铺、蒸馍铺的必备器具，由此衍生出“模子作”一行。讲究的模子不仅花样美观，而且深浅大小极费斟酌。

## 食单著述

由于地理和气候的差异，早在新石器时代，南北方主食已有分野，到了商周时期，由于副食生产条件的不同，南北方饮食习俗的差异更加明显。先秦、秦汉时期的食谱大都已经佚失，只能从传世和出土文献中窥知一鳞半爪。魏晋南北朝以后，以《齐民要术》为代表的中国古代食谱，堪称历代饮食文化精华的实录，反映了当时社会的烹饪水平和饮食特色。

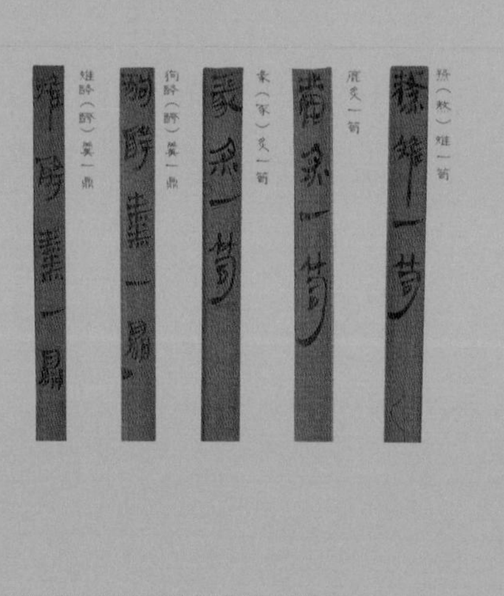

## 《周礼》

约成书于战国（公元前475—前221年）

相传为周公旦所撰，约成书于战国时期。书中详细记载了周王朝的官制，据学者统计，负责周王室饮食的官员多达2000余人，占整个周朝官员总数的近60%。此外，书中出现了“八珍”等饮食名称，并详细记载了各地的农作物和家畜。

天官 大宰之職
卷三
天官 小宰之職 宰夫之職 宮正 宮伯
卷四
天官 膳夫 庖人 內饔 外饔 亨人 甸師 獸人 獻人 鼈人 腊人
卷五
天官 醫師 食醫 疾醫 瘍醫 獸醫 酒正 酒人 漿人

## 八珍

“八珍”首次出现在《周礼》的《天官·冢宰》《天官·膳夫》等篇中，是周天子的专享品，体现了中原饮食文化的风格，全面显示了当时的烹调技艺。“八珍”的制作工艺为：

淳熬：稻米肉酱盖浇饭。

淳母：黍米肉酱盖浇饭。

炮豚、炮牂：烤炖乳猪或羊羔，包括了酿肚、炮烧、挂糊、油炸、慢炖等多道工序。

捣珍：取牛、羊、鹿的里脊肉，经捶打、去筋腱后，煎至嫩熟，再调以香料、酱、醋等食用。

渍：将鲜牛、羊肉切薄片，用香酒浸渍，佐以酱醋、梅酱等食用。

熬：加香料烘烤而成的肉脯。

糁：将牛、羊、猪等鲜肉切粒，调味，再和稻米混合烙熟食用。

肝膋：烤网油包狗肝。

實勞金相玉式艷溢錙毫

楚辭卷之一

漢劉向編集

王逸章句

離騷經章句第一

離騷經者屈原之所作也屈原與楚同姓
仕於懷王為三閭大夫三閭之職掌王族
三姓曰昭屈景屈原序其譜屬率其賢良
以厲國士入則與王圖議政事決定嫌疑

## 《楚辞》

约成书于战国（公元前475—前221年）

《楚辞》是战国后期的诗集，书中收录了屈原及宋玉、景差等人作品，歌颂了当时楚国（今湖南、湖北一带）的饮食名品。特别是《招魂》篇中提及的很多名肴佳馔，体现了鲜明的荆楚饮食文化风格。

欽定四庫全書

室家遂宗日多方些稻粢穱麥挐黃粱些大苦鹹酸辛
甘行些肥牛之腱臑若芳些和酸若苦陳吳羹些臑鼈
炮羔有柘漿些鵠酸臇鳧煎鴻鶬些露雞臛蠵厲而不
爽些粔籹蜜餌有餦餭些瑤漿蜜勺實羽觴些挫糟凍
飲酎清涼些華酌既陳有瓊漿些歸反故室敬而無妨
些肴羞未通女樂羅些敶鐘按鼓造新歌些涉江采菱
發揚荷些美人既醉朱顏酡些娭光眇視目曾波些被
文服纖麗而不奇些長髮曼鬋豔陸離些二八齊容起

欽定補繪蕭雲從離騷全圖　四五

屈原像

### 战国屈原《楚辞·招魂》内容

《招魂》一般认为是屈原深痛楚怀王被拘禁、客死他乡而作，诗中备陈楚国宫室、食物之美以招怀王之魂。

## 湖南沅陵虎溪山《美食方》

《美食方》号称“湘菜第一菜谱”，是出土于湖南沅陵虎溪山西汉初年沅陵侯吴阳墓葬中的食品遣策。它留存了汉代烹调食物的多种方法，将植物性饭食和动物性馔品分别记录，菜肴烹制讲究，作为菜肴的动物性食材有马、牛、羊、鹿、豕、犬、鱼、鹄、鸡、雁等。

腊肉：用火炙法制，姜桂腌制干肉

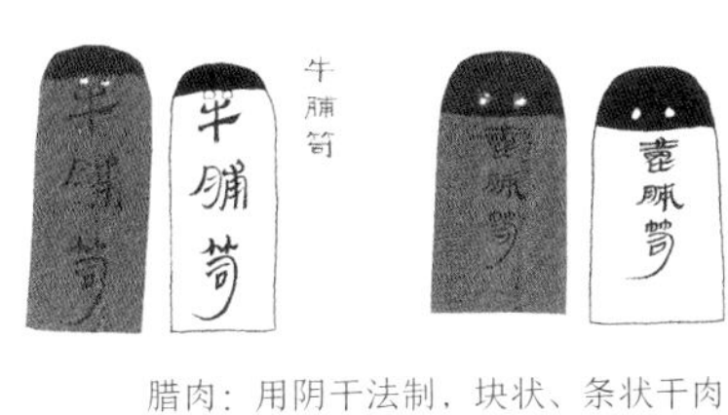

腊肉：用阴干法制，块状、条状干肉

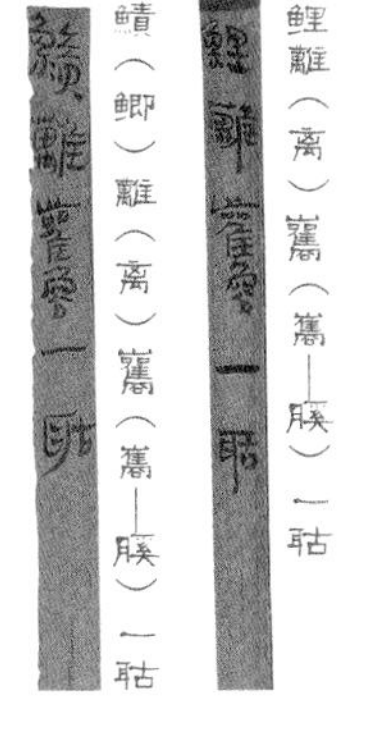

串烤鲼（鲫）鱼、鲤鱼

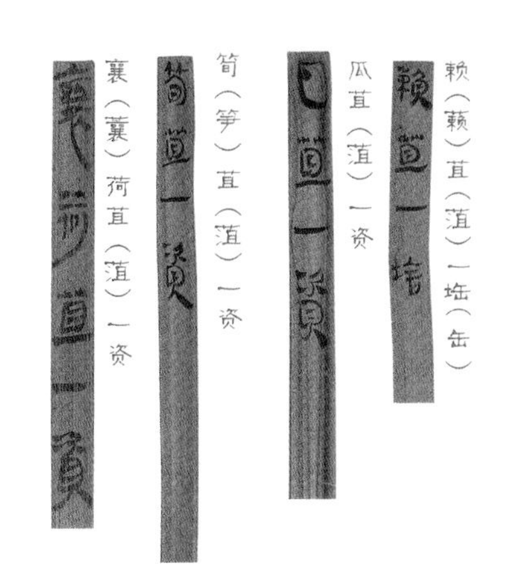


鲍鱼：用盐腌制鱼

菹菜：将蔬菜腌渍

## 湖南长沙马王堆食单

湖南长沙马王堆汉墓食品遣策记录的是西汉初年长沙国轪侯利仓家的美味食单，包括肉食馔品、调味品、饮料、主食、果品和粮食等。湖南长沙为古楚地，食俗为荆楚风格，但随葬的大量羹品和炙品分别体现了中原食俗和北方食俗的特点，反映出南北食俗的相互影响与融合。

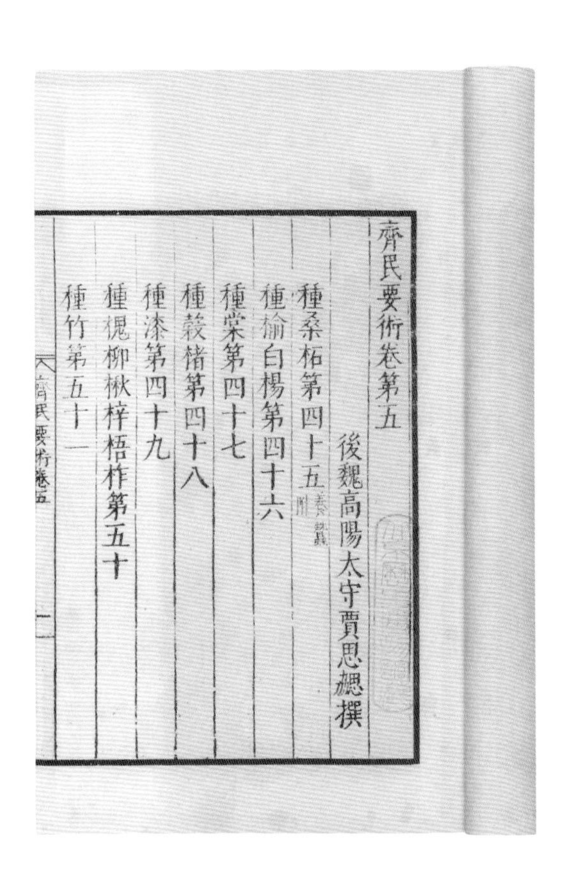

齊民要術卷第五

後魏高陽太守賈思勰撰

種桑柘第四十五 養蠶附

種榆白楊第四十六

種棠第四十七

種穀楮第四十八

種漆第四十九

種槐柳楸梓梧柞第五十

種竹第五十一

齊民要術卷五

## 《齐民要术》

成书于北魏（386—534年）

《齐民要术》的作者为北魏贾思勰，它不仅是一部农书，也是中国古代重要的饮食典籍。它详细记载了魏晋南北朝时期的食物原料及各种主副食品的加工、烹饪方法，特别是一些少数民族肉食制作方法，体现出魏晋南北朝时期饮食文化胡汉融合的特征。

蒜三升麵三斤豉汁生薑橘皮口調之
作胡羹法用羊脇六斤又肉四斤水四升煮出脇切之
葱頭一斤胡荽一兩安石榴汁數合口調其味
作胡麻羹法用胡麻一斗擣煑令熟研取汁三升葱頭
二升米二合煑火上葱頭米熟得二升半在
作瓠葉羹法用瓠葉五斤羊肉三斤葱二升鹽蟻五合
口調其味
作雞羹法雞一頭解骨肉相離切肉琢骨煑使熟漉去

齊民要術

### 《齐民要术》中记载的“胡羹法”

《齐民要术》所载“胡羹”的制作以羊肉为主料，以葱头、胡荽、安石榴为调料，这些调料都是西域出产，是地道的西域风味。

升平炙

金铃炙

### 唐代韦巨源编撰《烧尾宴食单》

烧尾宴盛行于初唐，时人升官时要宴请宾朋同僚，称为“烧尾宴”。烧尾之意取自民间传说的“鲤鱼跃龙门”故事。传说鲤鱼跃过龙门，必有天火烧掉其尾，故用此传说比喻荣升高官。韦巨源拜尚书令，曾宴请唐中宗，留下了著名的《烧尾宴食单》，烧尾宴菜品从原料的选择到菜肴的烹饪都极其讲究，不仅追求食材名贵，而且花样翻新，出奇制胜，是研究唐代饮食的重要资料。

《烧尾宴食单》又称《食谱》，共收录58种菜点，其菜肴有用羊、牛、豕、鸡、鹅、鸭、鹑子、熊、鹿、狸、兔、鱼、虾、鳖等为原料制成的各种荤食，其饭点有乳酥、夹饼、面、膏、饭、粥、馄饨、汤饼、毕罗、粽子等。附有简注，指出烹饪方法及所用原料，是研究唐代饮食的重要资料。（图片出自王明军著《唐宋御宴》）

**烧尾宴奇馔举要**

| 名称 | 制法 |
|---|---|
| 升平炙 | 羊舌、鹿舌烤熟后拌和一起，定三百舌之限 |
| 金铃炙 | 如金铃形状的酥油烤饼 |
| 单笼金乳酥 | 一种用独隔通笼蒸的酥油饼 |
| 巨胜奴 | 用酥油、蜜水和面，油炸后撒上胡麻的点心 |
| 御黄王母饭 | 盖有各种肴馔的黄米饭 |
| 箸头春 | 切成筷子头大小的油煎鹌鹑肉 |
| 生进二十四气馄饨 | 二十四种花形馅料各异的馄饨 |
| 五生盘 | 羊、猪、牛、熊、鹿五种肉拼成的花色冷盘 |
| 仙人脔 | 乳汁炖鸡块 |
| 红羊枝杖 | 可能指烤全羊 |
| 吴兴连带鲊 | 吴兴原缸腌制的鱼鲊 |
| 汤浴绣丸 | 浇汁大肉丸，类似今日之“狮子头” |

本表据王仁湘《民以食为天》绘制

山家清供

林洪著

## 《山家清供》

成书于南宋（1127—1279年）

《山家清供》的作者为南宋的林洪，书名的含义是乡野人家待客用的清淡饮食。全书共2卷，书中以蔬食为中心，介绍了许多与文人相关的、极富情趣的肴馔，为研究宋代的烹饪技艺和历史提供了极其珍贵的重要素材。

山家清供目錄

上卷

青精飯　碧澗羹

苜蓿盤　考亭蔊

太守羹　冰壺珍

藍田玉　豆粥

蟠桃飯　寒具

黃金雞　槐葉淘

地黃餺飥　梅花湯餅

椿根餛飩　玉糝羹

百合麪　栝蔞粉

素蒸鴨　黃精果

傍林鮮　雕胡飯

錦帶羹　煿金煮玉

土芝丹　柳葉韭

松黃餅　酥瓊葉

元修菜　紫英菊

銀絲供　鳧茨粉

簷蔔煎　蒿蔞菜

玉灌肺　進賢菜

山海兜　撥霞供

驪塘羹　真湯餅

沆瀣漿　神仙富貴餅

香圓杯　蟹釀橙

蓮房魚包　玉帶羹

酒煮菜

下卷

蜜漬梅花　持螯供

湯綻梅　通神餅

金飯　白石羹

梅粥　山家三脆

玉井飯　洞庭饐

荼蘼粥　蓬糕

櫻桃煎　如薺菜

蘿菔麪　麥門冬煎

假煎肉　橙玉生

山家清供　目錄　一

槐叶淘

## 《山家清供》中的槐叶淘

宋思维绘《山家清供·槐叶淘》

宋代士人没有唐代士人的雄浑气魄，他们往往将精力专注于生活的细枝末节，注重饮馔精致，喜欢素食是宋代士人饮食生活的重要特点，这与唐代士人豪迈粗犷的饮食风格大相径庭。

## 《饮膳正要》

成书于元（1271—1368年）

忽思慧是元宫廷饮馔太医，他撰写《饮膳正要》的初衷主要是为皇帝、贵族的保健服务，希望他们进食时考虑到食物的药性，使进食有益于健康。《饮膳正要》共3卷，收录了许多异域饮食，其中强调养生、饮食避忌和妇幼保健的重要性，对时人的饮食生活具有重要的指导意义。

御製飲膳正要序

朕惟人物皆禀天地之氣以生者也。然物又天地之所以養乎人者，苟用之失其所以養，則至於戕害者有矣。如布帛菽粟雞豚之類，日用所不能無，其為養甚大也。然過則失中，不及則未至，其為戕害一也。其為養甚大者尚然，而況不為養而為害之物焉

## 《饮膳正要》插图之《聚珍异馔》

《饮膳正要》反映了元代宫廷饮食文化的特色，即以蒙古、西域食风为主，并充满了异国情调。

子與人歌而善必使反之而後和之聖人于一
藝之微其善取于人也如是余雅慕此旨每食
于某氏而飽必使家廚往彼灶觚執弟子之禮
四十年來頗集衆美有學就者有十分中得六
七者有僅得二三者亦有竟失傳者余都問其
方略集而存之雖不甚省記亦載某家某味以
志景行自覺好學之心理宜如是雖死法不足
以限生廚名手作書亦多出入未可專

隨園食單序

詩人美周公而曰籩豆有踐惡凡伯而曰彼疏
斯粺古之於飲食也若是重乎他若易稱鼎亨
書稱鹽梅鄉黨內則瑣瑣言之孟子雖賤飲食
之人而又言飢渴未能得飲食之正可見凡事
須求一是處都非易言中庸曰人莫不飲食也
鮮能知味也典論曰一世長者知居處三世長
者知服食古人進鬐離肺皆有法焉未嘗苟且

隨園食單　序

## 《随园食单》

成书于清（1644—1911年）

《随园食单》的作者为清代袁枚，此书记录了元、明、清时期共300多种菜肴、饭点和茶酒等。其中的《厨者王小余传》为家厨立传，为中华厨者传之始。

## 袁枚像

《随园食单》被公认为中国饮食理论史上最杰出的经典之作。袁枚在此书中提出了“美食不如美器”的著名饮食美学见解。

飲食須知目錄

卷一

水火



飲食須知 目錄 一

《饮食须知》

成书于元（1271—1368年）

元代人贾铭所撰写的《饮食须知》是颇具特色的一部饮食典籍。全书分水火、谷类、菜类、果类、味类、鱼类、禽类、兽类8卷，对食物的性味、反忌、毒性、收藏等进行了阐述，对了解食材属性有重要的参考价值。

## 食以体政

中国传统思想在饮食中有着深刻的反映和体现。古代许多思想家和政治家都善于运用饮食之道阐发自己的政治见解或处世哲学。

饮食文化在长期的发展过程中，与中国传统思想相互影响、相得益彰，从而形成了独树一帜的中华饮食思想。这些饮食思想也是中华饮食文化的重要组成部分。

## 《吕氏春秋》

约成书于战国（公元前475—前221年）

《吕氏春秋》是战国末秦相吕不韦集门客共同编写的杂家代表著作。《吕氏春秋·本味篇》保留了古代的烹饪理论，具有较强的实用性。例如其中关于调味的论述，强调了五味调和及准确掌握放调料的次序、用量的重要性。书中还记载了战国及之前一段时期的佳肴美馔和各地特产。

### 陶五联罐

西汉，广州市文物考古研究院藏

陶五联罐是岭南汉墓出土文物中最具特色的饮食器具，它以五个三足小罐连缀组成，轻巧别致，用来盛干果或调味料。如果是用来盛调味料的，推想常用的烹调用料至少有五种之多，这与“五味”相应，体现了中华饮食文化中“和”的思想。

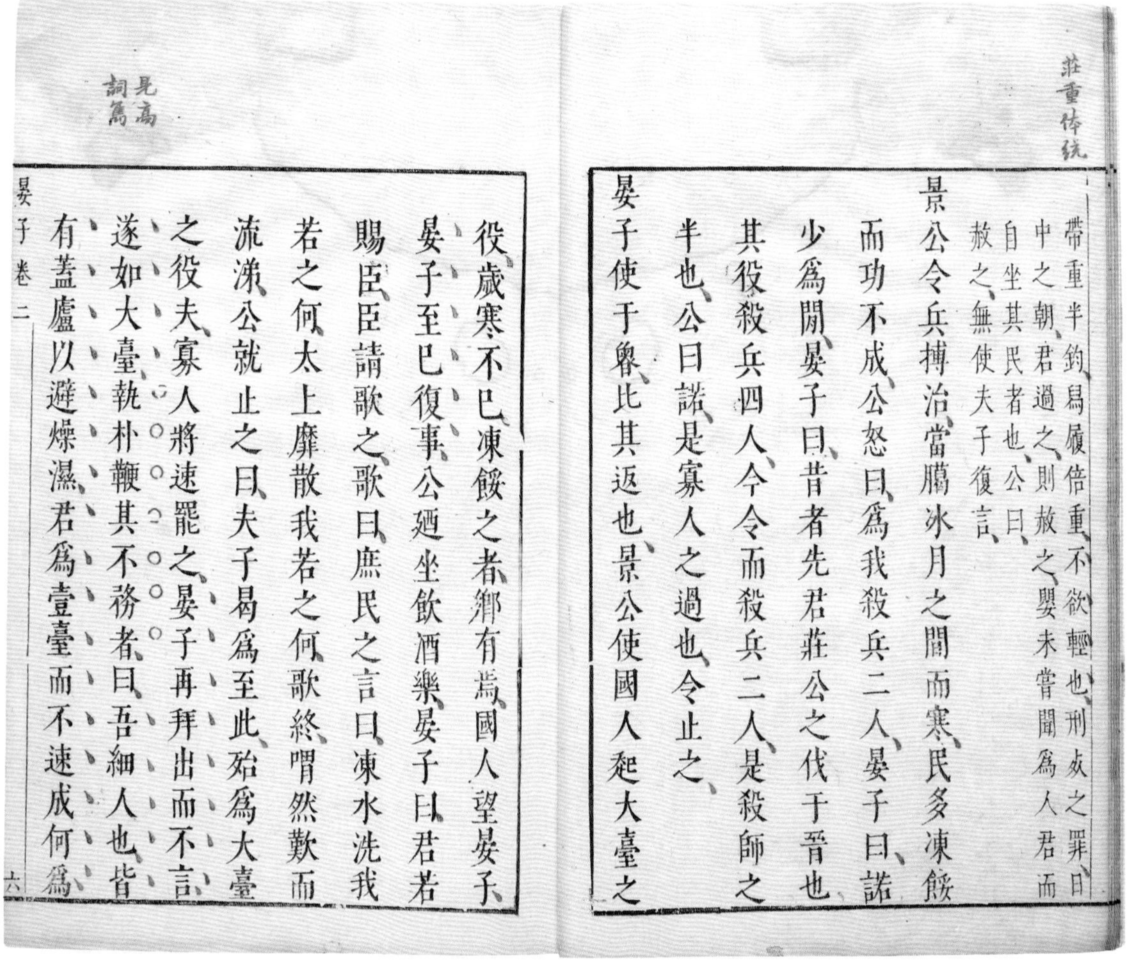

莊重体统

帶重半鈞舄履倍重不欲輕也刑亥之罪日中之朝君過之則赦之嬰未嘗聞爲人君而自坐其民者也公曰赦之無使夫子復言

景公令兵摶治當臈冰月之間而寒民多凍餒而功不成公怒曰爲我殺兵二人晏子曰諾少爲間晏子曰昔者先君莊公之伐于晉也其役殺兵四人今令而殺兵二人是殺師之半也公曰諾是寡人之過也令止之

晏子使于魯比其返也景公使國人起大臺之役歲寒不已凍餒之者鄉有焉國人望晏子晏子至已復事公迺坐飲酒樂晏子曰君若賜臣臣請歌之歌曰庶民之言曰凍水洗我若之何太上靡散我若之何歌終喟然歎而流涕公就止之曰夫子曷爲至此殆爲大臺之役夫寡人將速罷之晏子再拜出而不言遂如大臺執朴鞭其不務者曰吾細人也皆有蓋廬以避燥濕君爲壹臺而不速成何爲

見高詞爲

晏子卷二　六

## 《晏子春秋》

约成书于春秋（公元前770—前476年）

晏子将对食物的调和提升到治理国家的高度。《晏子春秋》中说先王调剂酸、甜、苦、辣、咸五种味道，调和五声，都是为了平静内心，这样政事的运作才可以成功。因为物质精神都调和了，民将不为乱。

莊子卷第一

郭象子玄注　陸德明音義

內篇逍遥遊第一

北冥有魚其名為鯤鯤之大不知其幾千里也化而為鳥其名為鵬

外物　寓言
讓王　盜跖
第十卷
說劍　漁父
列御寇　天下

## 《庄子》

约成书于战国（公元前475—前221年）

庄子也善于用饮食之道比喻政治，《庄子·天运》中记载他论证战国变法的合理性时，用山楂、梨、橘子和柚子——虽不同味但都可口，比喻变法的合理性。

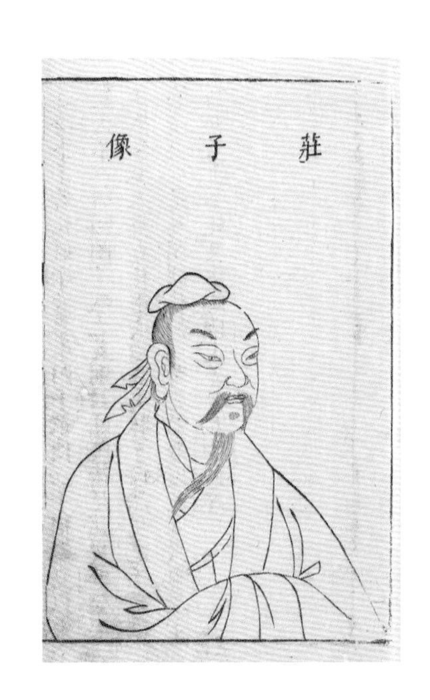


庄子像

## 孔子忆颜回碗

明（1368—1644年）
口径18厘米、高10.3厘米

孔子追求的饮食简朴而平凡，认为“饭蔬食，饮水，曲肱而枕之，乐亦在其中矣”。因此，他对于家境贫寒、箪食瓢饮、居住陋巷、以苦为乐、好学不倦的弟子颜回，大加称赞。

孔子像

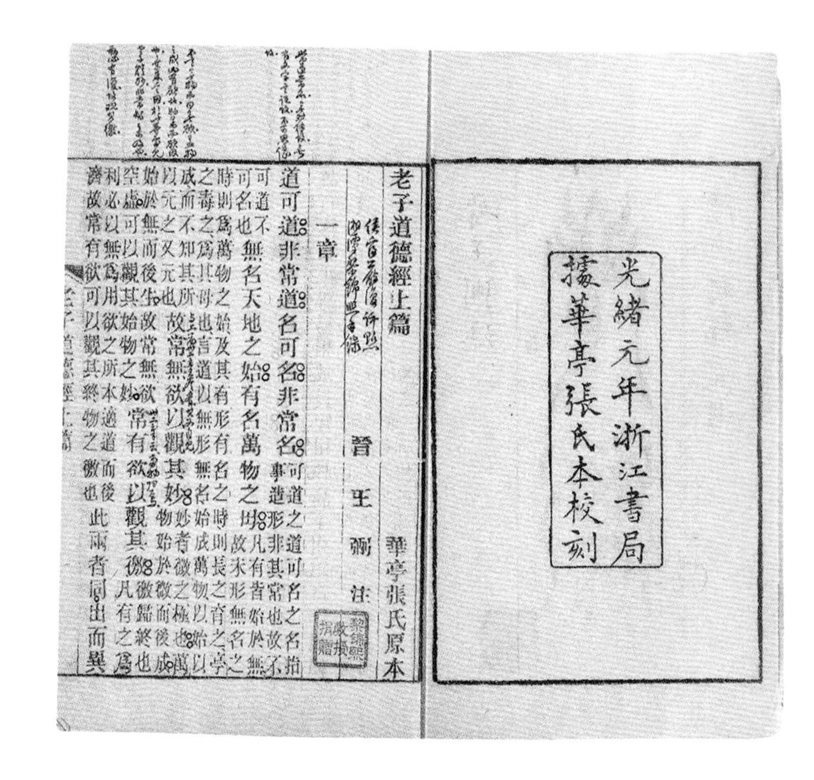
光緒元年浙江書局
據華亭張氏本校刻

老子道德經上篇　華亭張氏原本

晉　王弼　注

一章

道可道非常道名可名非常名無名天地之始有名萬物之母故常無欲以觀其妙常有欲以觀其徼此兩者同出而異

《道德经》

约成书于春秋（公元前770—前476年）

《道德经》是中国古老的哲学典籍，道家思想的创始之作。春秋战国时期是中华文化全面兴起、高度繁荣的关键阶段，即所谓的“轴心时代”，其标志是一大批极富创造力的思想家的涌现和一系列中华元典的产生。《道德经》在中华元典中的地位独树一帜，它是目前在世界上被翻译最多的中国古代经典之一。《道德经》中包含的饮食思想充分体现了中国古代饮食文化“食以体政”的特色。

## 老子像

先秦时代，人们常常以庖厨活动喻说安邦治国，老子提出的“治大国若烹小鲜”。2013年3月，习近平总书记在接受金砖国家媒体联合采访时曾引用“治大国若烹小鲜”，赋予老子思想以新的时代内涵。“烹小鲜”的前提是熟知“小鲜”的特点，在此基础上控制火候，调和五味。治国也要掌握社会发展的客观规律，要有“治大国”的历史使命感与责任感，在充分了解国情、体察民意的基础上科学执政、合理施政。

伊尹像

## 铜鼎

商（约公元前16—前11世纪）

商代贤臣伊尹的画像中总会出现铜鼎的形象，这表明鼎在商周时期被视为传国重器、国家和权力的象征。相传禹铸九鼎以象九州，作为传国之宝，并成为国家权力的象征。周灭商后，移九鼎于镐京，并举行了隆重的"定鼎"仪式。以后朝廷铸礼仪鼎，往往把仪礼制度、法律条文铸于鼎上。作为王权之器，"鼎"字也被赋予"显赫""尊贵""盛大"等引申意义，如一言九鼎、大名鼎鼎、鼎盛时期、鼎力相助，等等。

## 《管子》

约成书于春秋（公元前770—前476年）

管子曾有名言：“仓廪实而知礼节，衣食足而知荣辱。”仓廪是谷物存储之地，谷藏曰“仓”，米藏曰“廪”。《管子·揆度》云：“五谷者，民之司命也。”意即五谷是人们生命的主宰。《管子·权修》云：“人之守在粟。”意即人民的保障在于粮食。

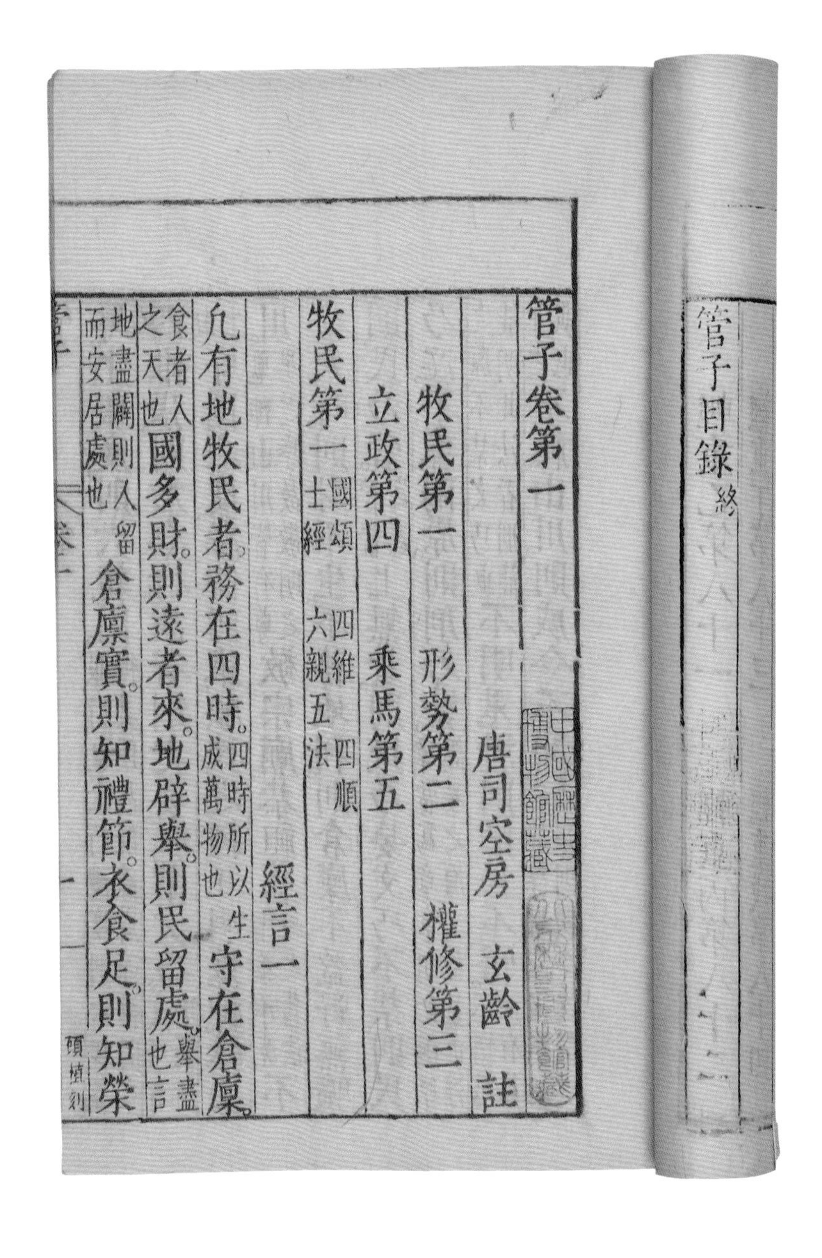

管子目錄終

管子卷第一

唐司空房玄齡註

牧民第一　形勢第二　權修第三

立政第四　乘馬第五

牧民第一 國頌 四維 四順 士經 六親 五法　經言一

凡有地牧民者務在四時。守在倉廩。四時所以生成萬物也國多財。則遠者來。地辟舉。則民留處。舉盡也言食者人之天也地盡闢則人留而安居處也倉廩實。則知禮節。衣食足。則知榮

管子像

# 礼始饮食

『夫礼之初，始诸饮食』，作为中国古代文明象征的『礼』，首先是建立在饮食的基础上。饮食前必先祭拜祖先和神灵的习俗，自新石器时代产生以来，至商周时期愈演愈烈：从饮食礼器名数组合到使用中表现的礼仪，从肴馔品类到烹饪品位，从进食方式到筵席宴飨，无一不强调着等级之序次。先秦时期的典籍对于饮食礼仪有着详细的叙述，很多礼仪对后世产生了极其深远的影响。

## 饮食礼器

古人相信祖先灵魂始终存在，并倚靠后人提供祭品供养。因此作为极其重要的古代礼仪之一，祭礼实际上是一场饮食的盛宴。尤其在贵族的宗庙内，各种类型的容器盛装着品类丰富的食物，用庄严的仪式和美味的佳肴，虔诚地供奉着祖先，以祈求祖先对后人的庇佑。

**铜盘**

西周（约公元前11世纪—前771年）
通高13.2厘米、口径36.5厘米、足径28.7厘米

盘是盛水器，与盉或匜配合使用。商周时期贵族祭祀宴享前后要行沃盥之礼，即浇水洗手。沃盥时用匜或盉盛清水，浇水于手，以盘承接弃水。

**蝉纹窃曲纹铜匜**

西周（约公元前11世纪—前771年）
通高14.9厘米、通长28厘米

匜与盉都是用于盥洗的盛水器皿，匜是半开敞式，而盉则是全封闭式结构。商周时期的用餐习惯是用手直接抓取食物，因此贵族非常注重饮食卫生，餐前要用匜或盉冲洗双手。因此，匜、盉、盘是中国早期饮食文化中不可分割的组成部分。

**铜盉**

西周（约公元前11世纪—前771年）
通高21厘米、口径13.5厘米

在商周时期的墓葬中，盉与盘、匜等水器有组合出土的关系，有时盉就放在盘中。在实际的使用中，盉与匜可以互相代替，将水注入盘中，人可以在水流中盥洗。而盉与酒器组合，盛水以调和酒味浓淡，是为酒器。

古代绘画中的盘与匜使用场景

## 铜卣

商（约公元前16—前11世纪）
通高33.5厘米，口径14.6厘米，足径18.7厘米

卣是流行于商、周时期的盛酒器，有盖和提梁，器型多变。从甲骨刻辞可见，卣是盛装鬯酒的高规格酒器。鬯酒是用香草浸制的一种顶级美酒。

## “戉马”铜觚

商（约公元前16—前11世纪）
高30.4厘米、口径17厘米、足径9.6厘米
河南安阳大司空墓出土

青铜觚和爵是等量成对出现的。爵是温酒的器皿，而觚是盛酒的器皿。这件青铜觚的内壁铸有“戉马”二字，这是表明器物的所有者家族的徽号。

### “戍甬”铜鼎

商（约公元前16—前11世纪）
高28.6厘米、口径23.5厘米

青铜时代的鼎不仅仅是炊煮食物的器具，更重要的是其礼器的功能。由于鼎在祭祀祖先、自然神灵的典礼上具有不可替代的中心地位，因此其成为青铜时代国家政权的象征。

### “父己”铜簋

商（约公元前16—前11世纪）
高16.8厘米、口径25.6厘米、足径16.7厘米

铜簋饰三组夔纹，腹壁在斜方格纹、雷纹衬地上饰乳钉纹。圈足饰三组夔龙纹，两两相对。

簋类似后世的大碗，盛放煮熟的黍、粟、稻、粱等饭食。

**再鼎**

西周（约公元前11世纪—前771年）
高39厘米、口径35.2厘米

从西周中期起，青铜礼器中炊食器的比重逐渐增加，酒器相对减少。鼎成为表示身份地位的主要标志，并逐渐形成了一套严格的用鼎制度。一般是：士用一鼎或三鼎，大夫用五鼎，卿用七鼎，国君用九鼎。同时配合定数目的簋，如四簋与五鼎相配，六簋与七鼎相配，八簋与九鼎相配。

**再簋**

西周（约公元前11世纪—前771年）
高21.5厘米、口径20厘米

爯簋与爯鼎的铭文基本相同，记载爯组青铜器是遣伯为爯制作的宗庙彝器。据研究，该组器物至少属于五鼎四簋的青铜礼器组合。

### 嵌铜四兽环铜缶

春秋（公元前770—前476年）
通高48厘米、口径16.2厘米、足径18厘米

青铜缶是古代盛酒器，盛行于春秋战国时期。

此组青铜饮食礼器均出土于安徽寿县的蔡昭侯（名申）墓，为研究蔡国历史提供了珍贵的资料。

饮食器具在商代就已经礼制化，西周时期形成了严格的列鼎列簋制度，春秋时期继承了西周的礼制并进一步深化。《左传》中说，具有某种威信，就能保持其所得器物，而这些器物又能表示出尊卑贵贱，体现当时之礼，表明各级贵族身份与等级的高低。春秋时期各地墓葬出土的青铜礼器组合，就是各个阶层身份与地位的标志。

**蔡侯申鼎**

春秋（公元前770—前476年）
通高44厘米

## 蔡侯申簋

春秋（公元前770—前476年）
通高35.6—37.7厘米、口径23.7—24.3厘米
方座长24厘米、宽24.2厘米

**蔡侯申尊**

春秋（公元前770—前476年）
通高29.7厘米、口径25.3厘米

**蔡侯申豆**

春秋（公元前770—前476年）
通高35厘米、口径17.5厘米

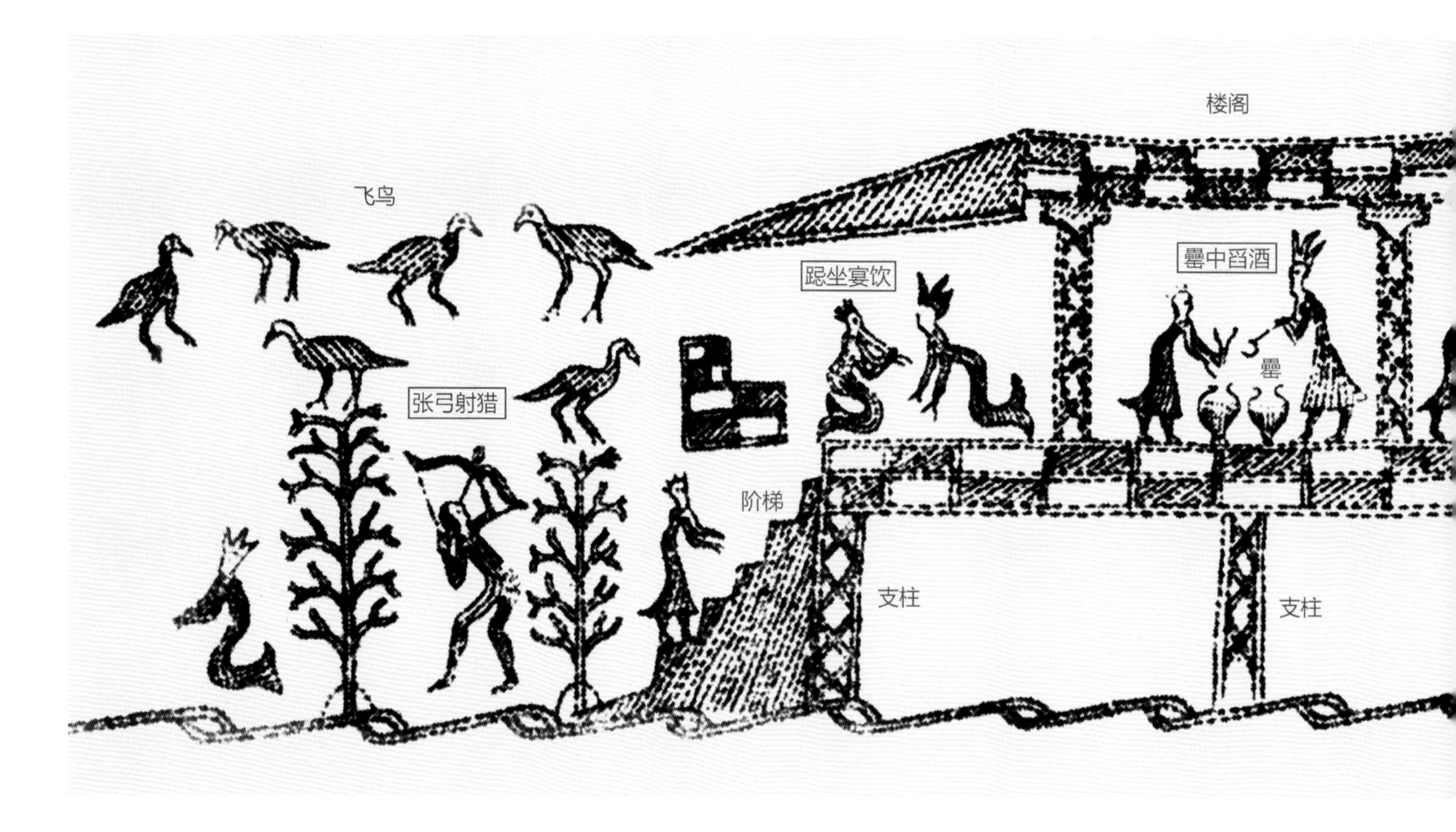
楼阁
飞鸟
跽坐宴饮
罍中舀酒
罍
张弓射猎
阶梯
支柱
支柱

飞鸟
楼阁
侍者
鼎中取肉
豆
持豆登阁
主人宴饮
鼎
阶梯
支柱
支柱

战国青铜器上的饮食礼器

## 进食之礼

先秦时期的典籍对进食之礼有着详细的规定。古代的饮食活动中，人们普遍遵循着礼的规范，处处体现着尊卑等级的差别，这对谦恭礼貌、尊贤敬老风气的形成有着显著的作用。一些进食礼仪如吃饭时长者优先、讲究吃相、用筷姿势规范等优良传统一直沿袭至今。

## 《仪礼》

约成书于战国（公元前475—前221年）

《仪礼》是记载中国古代典礼仪节的书。虽然其成书年代约在战国时期，但其内容大都源于西周古礼。它与《礼记》《周礼》合称“三礼”。历朝礼典的制定，大多以《仪礼》为重要依据，故其对后世社会生活影响至深。《仪礼》中记载了国君、诸侯、大夫等不同社会阶层宴饮活动的规则。

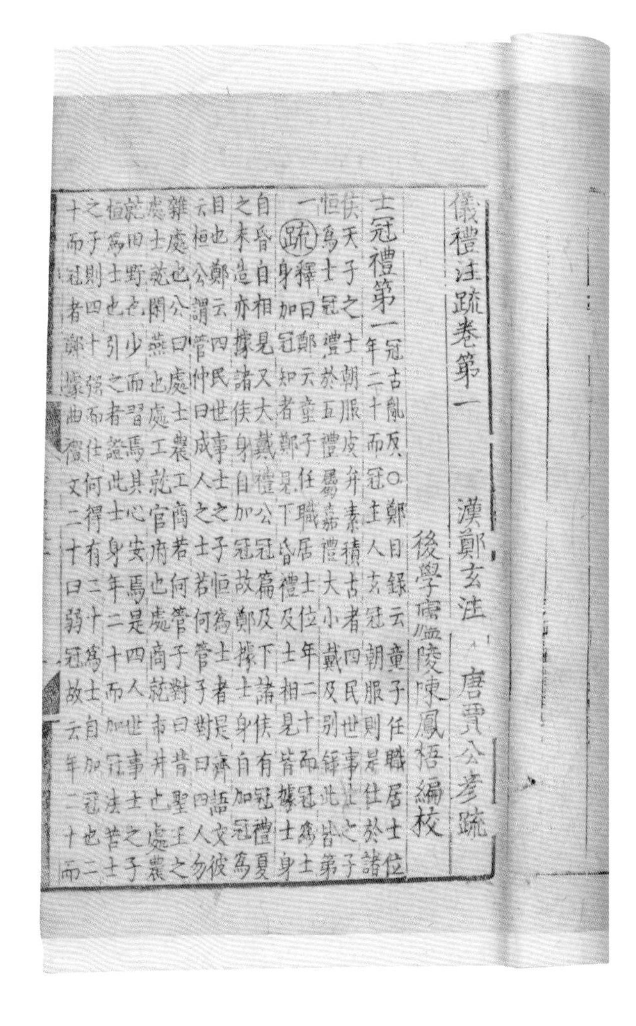
儀禮注疏卷第一

漢鄭玄注 唐賈公彥疏

後學廬陵陳鳳梧編校

士冠禮第一

## 《礼记》

约成书于汉（公元前202—公元220年）

《礼记》又称为《小戴礼记》《小戴记》，相传为西汉戴圣编纂，是战国至秦汉时期儒家论说或解释礼制的文章汇编。《礼记》中对中国古代的进食礼仪规则有着详细的记载，特别是一些饮食行为为规范，为秦汉以后封建社会历代统治者所遵循，成为一种礼俗。

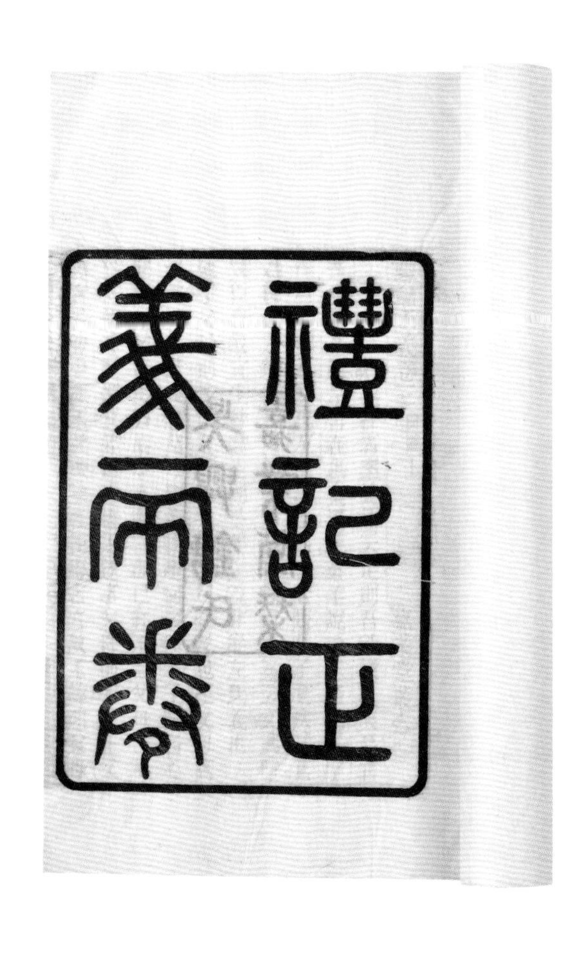

禮記正義卷二 曲禮上 嘉業堂叢書

缺上言在者案論語云足則吾能徵之矣是言
徵也某在斯是言在也案異義公羊說譏二名謂二字
作名若魏万多也左氏說二名者若楚公子棄疾弑其
君即位之後改名熊居是爲二名許愼謹案云文武時
賢臣有散宜生蘇忿生則公羊之說非從左氏義也
逮事父母則諱王父母 正義曰逮及也王父母謂
祖父母也若及事父母則諱祖也何以然孝子聞名心
瞿祖是父之所諱則子不敢言既已經不言父母亡而
已言便心瞿憶夕故諱之也不逮事父母則不諱王父
母者若幼少孤不及識父母便得言之故不諱祖父母

禮記正義二 一 嘉業堂校刊

《礼记》所载进食之礼

| 原文 | 注释 |
| --- | --- |
| 共食不饱 | 同别人一起进食。不能吃得太饱，要注意谦让。 |
| 共饭不泽手 | 同器食饭，不可用汗手。 |
| 毋抟饭 | 不要把饭团揉成大团，大口大口地吃，有争饱不谦之嫌。 |
| 毋放饭 | 要入口的饭不要再放回饭器中去，别人会感到不卫生。 |
| 毋流歠 | 不要长饮大嚼，让人觉得自己是想快吃多吃。 |
| 毋咤食 | 咀嚼时不要让舌在口中做声，有不满主人饭食之嫌。 |
| 毋啮骨 | 不要啃骨头，一是容易发出不好听的声响，使人感到不受敬重；二是怕主人感到肉不够吃，还要啃骨头才能吃饱；三是啃得满嘴流油，面目可憎可笑。 |
| 毋反鱼肉 | 自己吃过的鱼肉不要再放回去，应当接着吃完。 |
| 毋固获 | 专取曰“固”，争取曰“获”，是说不要喜欢吃某一味食物就只独吃那一种，或者争着去吃，有贪吃之嫌。 |
| 毋投与狗骨 | 不要把骨头扔给狗去啃，否则主人会觉得你看不起他准备的饮食。 |
| 毋扬饭 | 不要为了能吃得快些，就扬起饭粒以散去热气。 |
| 毋嚃羹 | 吃羹时不可太快，快到连羹中菜都顾不上嚼，既易出恶声，亦有贪多之嫌。 |
| 毋絮羹 | 客人不要自行调和羹味。这会使主人怀疑客人更精于烹调，而主人的羹味不正。 |
| 毋刺齿 | 进食时不要随意剔牙齿，如齿塞须待饭后再剔。 |
| 毋歠醢 | 不要直接端起肉酱就喝。这样会使主人觉得自己的酱没做好，味太淡了。 |
| 濡肉齿决 | 湿软的肉可直接用牙齿咬断，不可用手掰。 |
| 干肉不齿决 | 不能用嘴撕咬，须用刀匕帮忙。 |
| 毋嘬炙 | 大块的烤肉或烤肉串不要一口吃下去，如此狼吞虎咽，仪态不佳。 |

本表根据王仁湘《民以食为天：中国饮食文化》的注解制成

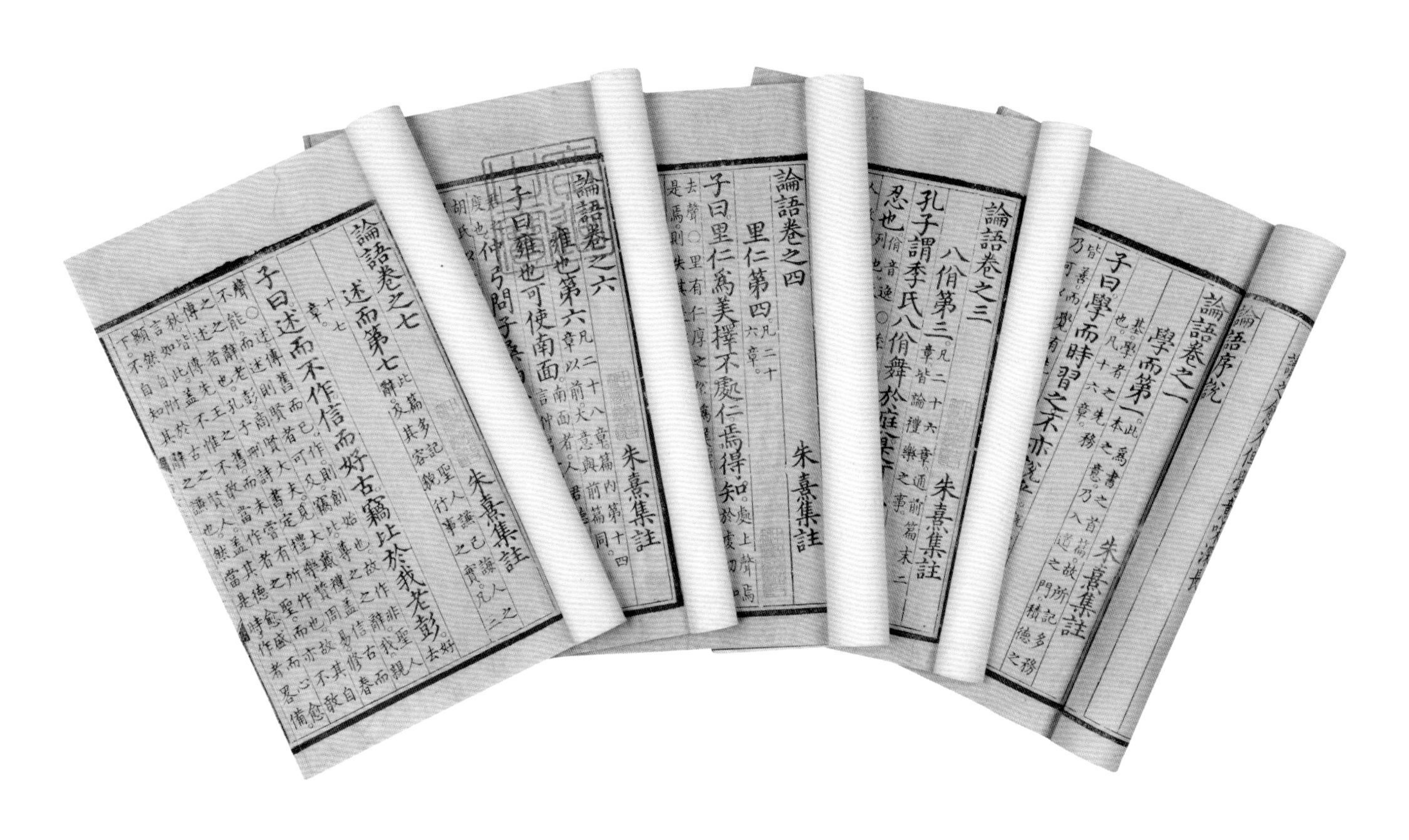


## 《论语》

约成书于战国（公元前475—前221年）

《论语》是儒家学派的经典著作之一，由孔子的弟子及其再传弟子编纂而成。它以语录体和对话文体为主，记录了孔子及其弟子言行，集中体现了孔子的政治主张、伦理思想、道德观念及教育原则等。以孔子为代表的儒家的饮食思想与观念可以说是古代中国饮食文化的核心，它对中华饮食文化的发展起着不可忽视的指导作用。

## 骨叉

战国（公元前475—前221年）
长11.7厘米
河南洛阳中州路出土

中国人早在新石器时代已开始使用叉子。同餐勺一样，起初都是以兽骨为材料制成。先秦时代将“肉食者”作为贵族阶层的代称，餐叉在那个时代可能是上层社会的专用品，并未十分普及。普通民众因为食物中没有肉，所以用不着置备专门食肉的餐叉。与筷子和餐勺相比，餐叉的使用并没有形成经久不变的传统。

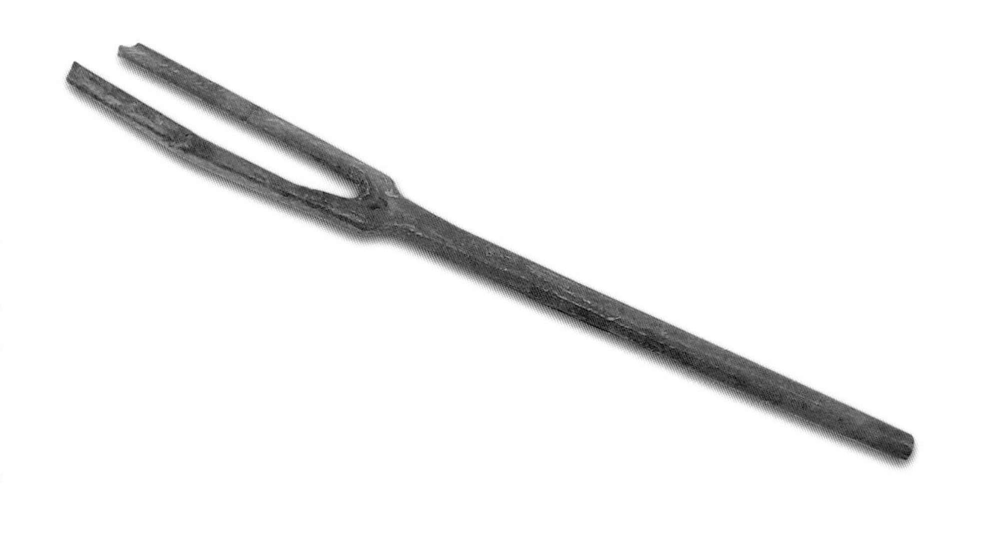

## 银箸

元（1271—1368年）
长25.6厘米
安徽合肥出土

从考古发现看，筷子的使用可能有5000年的历史。筷子的名字经历了从“梜”“箸”“筷”的历史演变，其质料、形制也从厚重粗劣向轻巧实用的方向发展。隋唐时期，箸的材质更加多样化，从考古发现和文献记载看，有金银箸和犀箸。年代最早的银箸，出自李静训墓。宋、辽、金、元时期，一度只流行于上流社会的金银饮食器具开始商品化，一些庶民家庭和酒楼饭店也用上了金银饮食器具。这组元代窖藏所出的银箸做工精美，反映出元代贵族生活中饮食器具的使用非常讲究。

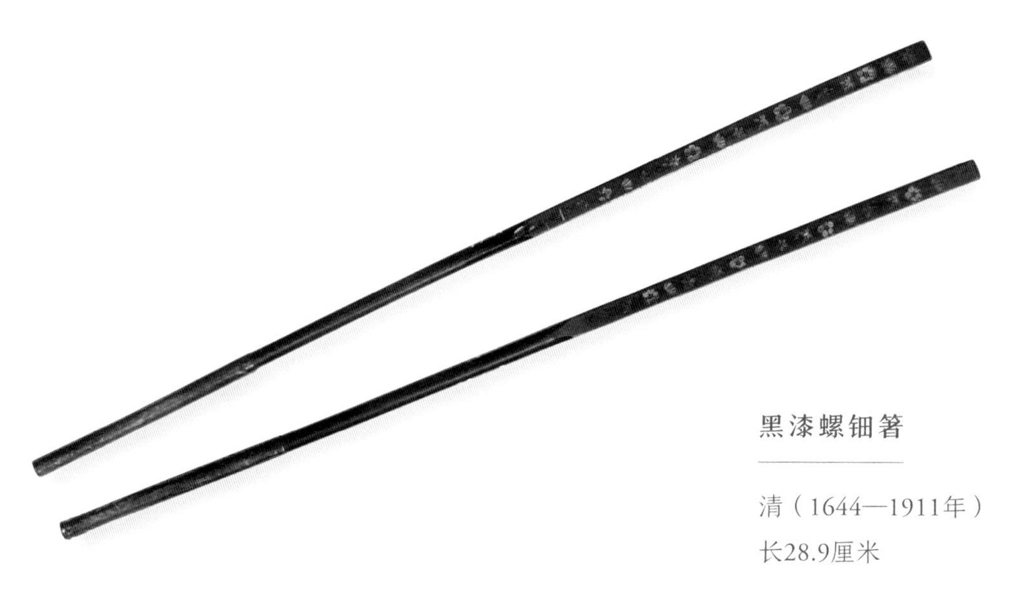

## 黑漆螺钿箸

清（1644—1911年）
长28.9厘米

在琳琅满目的进食器具中，最能体现中华饮食文化特色的是筷子，这种与中华美食相伴而生的进食工具，是中华饮食文化的重要标志。作为进食器具，筷子的主要功能是烹饪和助食。此外，还有占卜、装饰、促进身体协调和开发智力等功能。

**清代皇室所用箸品**

清代　故宫博物院藏

明清时期，箸的款式与现代的箸已无太大区别，首方足圆为最流行的样式。清代帝妃所用的箸品用料极为珍贵，制作十分考究，有金银镶玉箸、铜镀金箸、紫檀镶玉箸、象牙箸、乌木箸等，奢华至极。

**汉代邢渠哺父图画像石**

汉晋时期的画像石与画像砖上，常常可见用箸进食的图像。邢渠哺父是汉代画像石中常见的孝子故事。邢渠的母亲早逝，他与父亲同住，因为年迈，他的父亲无法进食，邢渠就亲自喂养。

**魏晋备宴画像砖**

此图显示两名婢女席地而坐，手持筷子，正在合作准备宴席的小几、餐具等。筷子和小几以及其他餐具同出，显然此筷用于进食。

厨娘煎茶图砖雕

中国国家博物馆馆藏宋代厨娘煎茶图砖雕中的“筷子”用于烹饪。画面中的高髻妇人正俯身注视面前的长方火炉，其左手下垂，右手则执火箸夹拨炉中火炭。

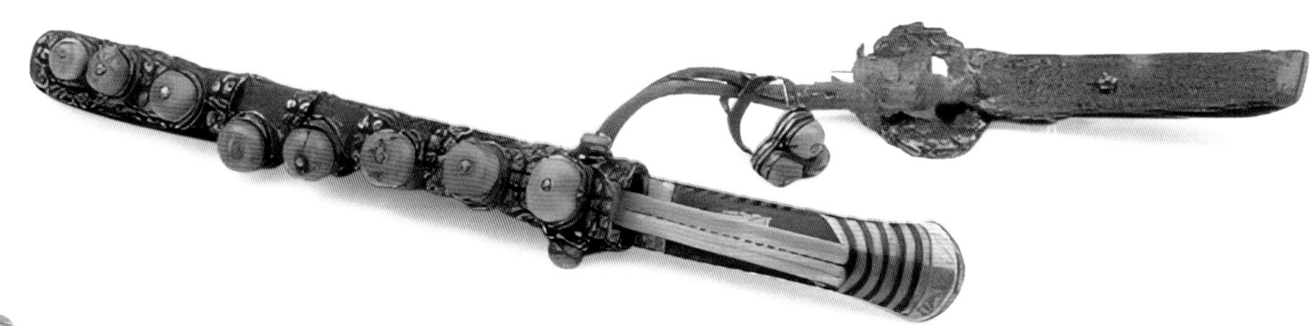

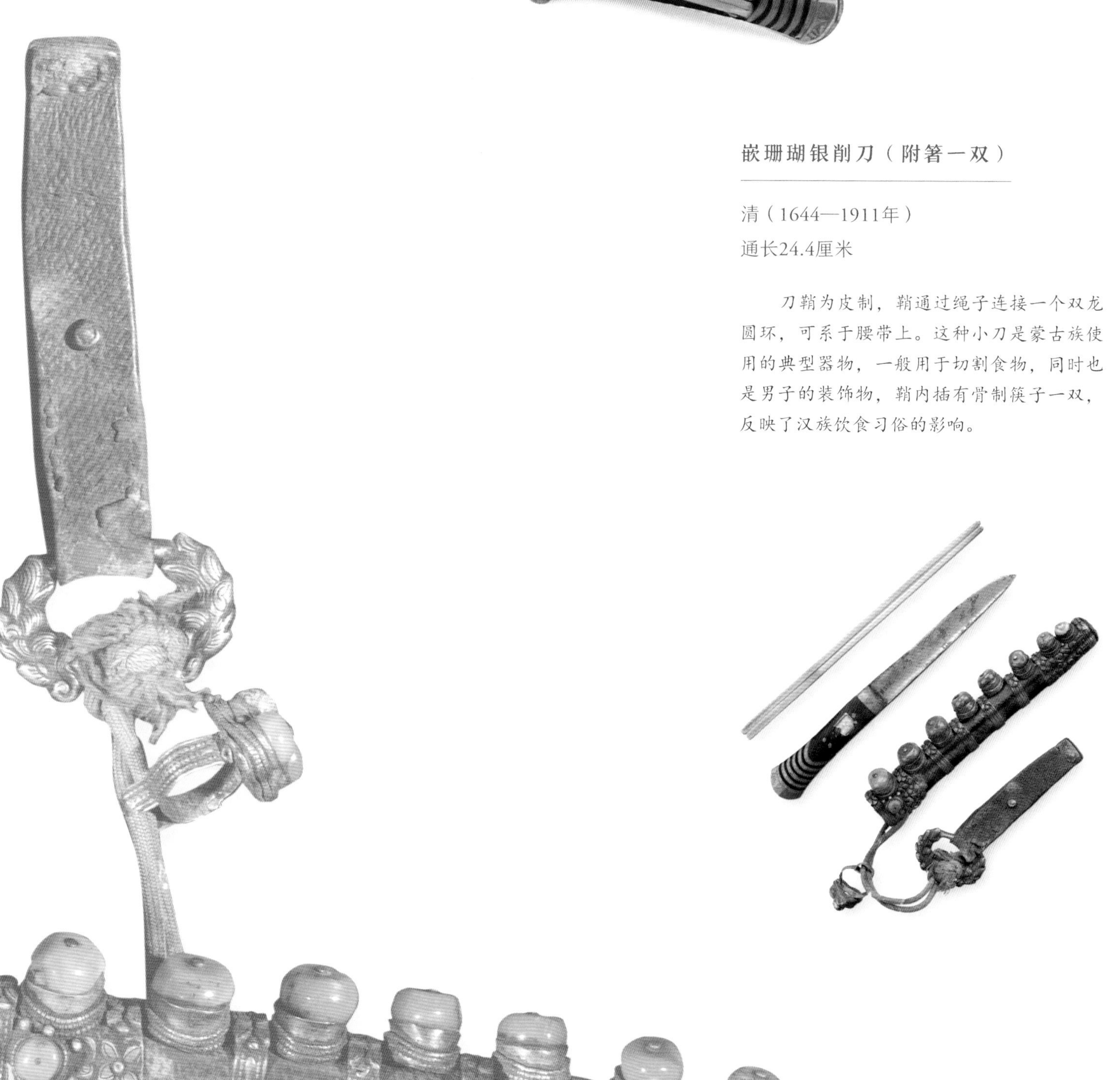

**嵌珊瑚银削刀（附箸一双）**

清（1644—1911年）
通长24.4厘米

刀鞘为皮制，鞘通过绳子连接一个双龙圆环，可系于腰带上。这种小刀是蒙古族使用的典型器物，一般用于切割食物，同时也是男子的装饰物，鞘内插有骨制筷子一双，反映了汉族饮食习俗的影响。

餐勺，在古代又名“匕”“匙”。早在新石器时代，远古先民就形成了使用餐勺进食的传统。新石器时代餐勺的制作材料，主要取自兽骨，而铜器时代则主要以青铜制成。自战国时代开始，除了青铜餐勺还在继续使用以外，又出现了漆木勺。隋唐时期开始用白银大量打制餐勺，在上层社会，用白银打制餐勺的传统一直到明清时期仍然流行。在历代皇室贵胄们的餐桌上，还曾出现过金、玉等材质的餐勺。古人在进食时，餐勺与箸（筷子）一般会同时出现在餐案上，共同使用，且两者有着明确的分工。箸是用于夹取菜食的，食用米饭、米粥不能用箸，一定得用餐勺。勺与筷子在现代各自承担的职能发生了变化：勺已不像古代那样专用于食饭，而主要用于享用羹汤；筷子也不再是夹菜的专用工具，它几乎可以用于取食餐桌上的所有肴馔，也可用于食饭。

**双鱼纹铜勺**

唐（618—907年）
通长27.2厘米

**刻花银勺**

清（1644—1911年）
通长11.7厘米

**錾花花鸟纹银勺**

辽（916—1125年）
长21.5厘米

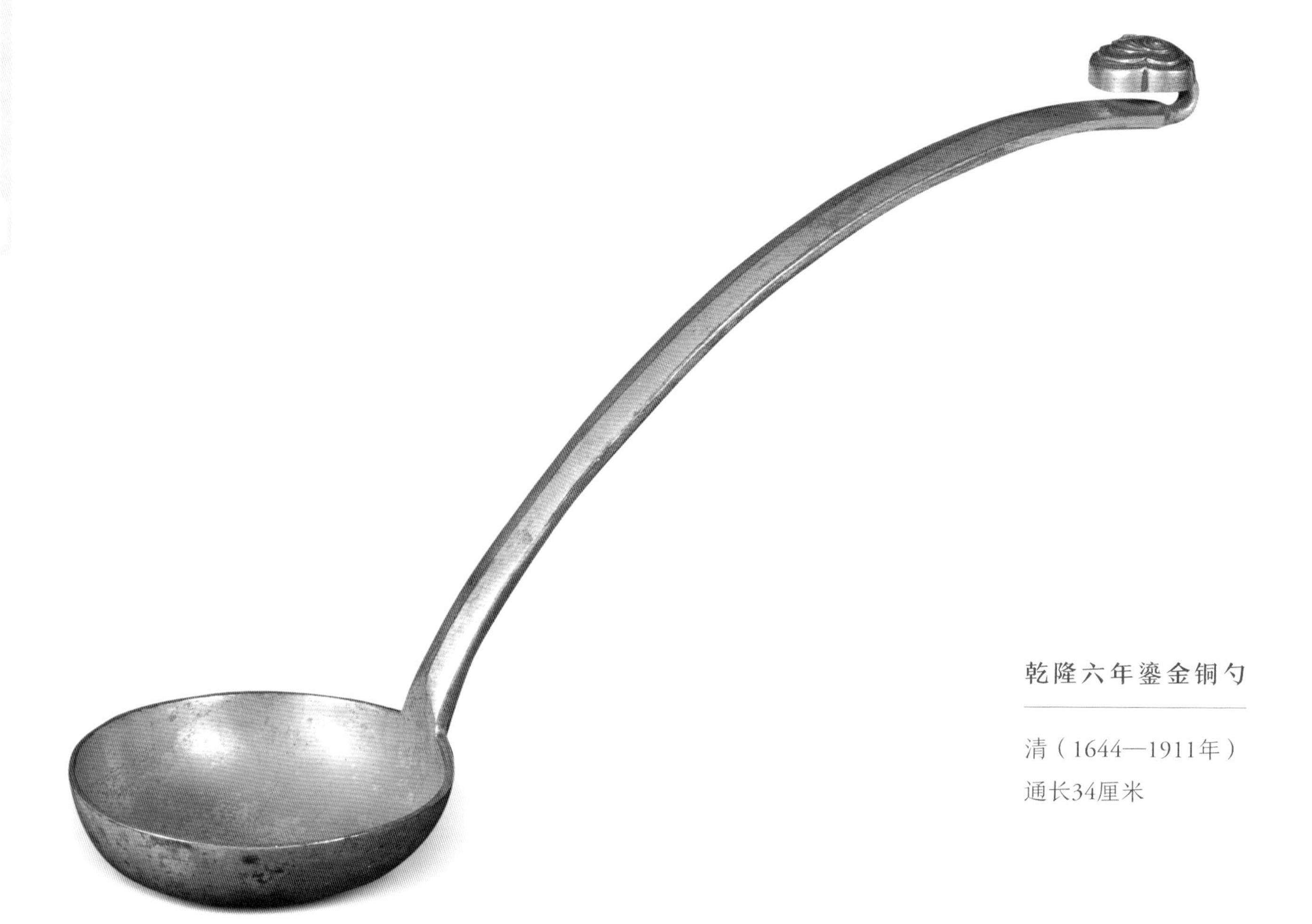

乾隆六年鎏金铜勺

清（1644—1911年）
通长34厘米

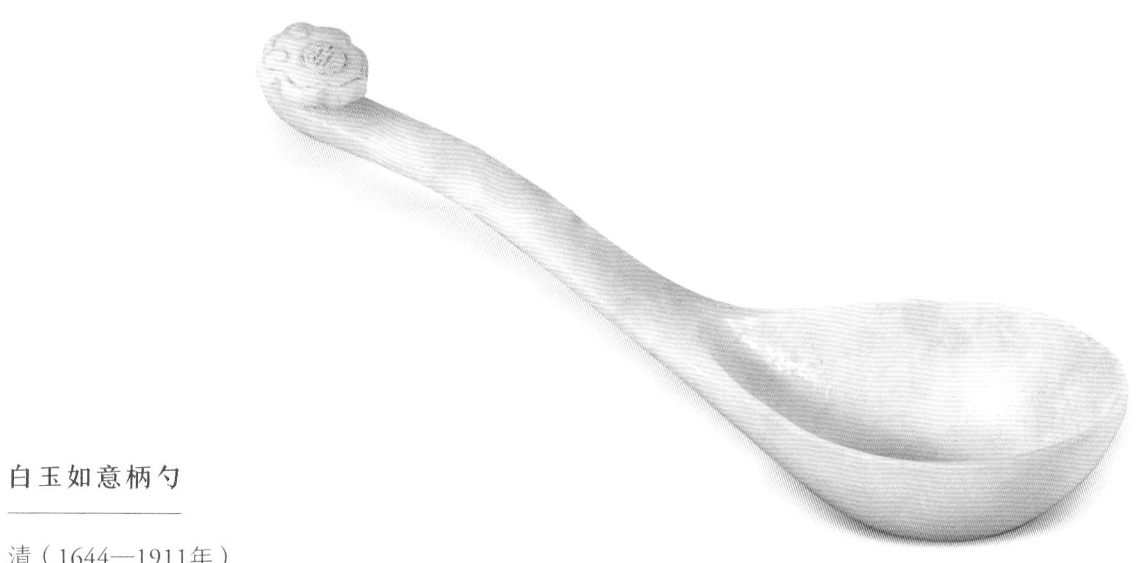

白玉如意柄勺

清（1644—1911年）
长12.8厘米

辽代壁画中的筷子与餐勺组合

## 宴饮之礼

宴饮活动是中华饮食文化的重要内容。在古人的心目中，宴饮的意义远在饮食之外。通过宴饮活动联络宾客，敦睦亲属，亲善友谊，自古以来就成为中国人团结群体、整合关系的重要方式。现代宴饮场合的礼仪、规范、习俗等方面仍保留部分古代遗风。

## 座次

中国人自古以来就格外重视长幼尊卑的次序，古代社会生活的各个方面都有着严格的礼仪惯例。座次的排列是古代宴饮礼仪的重要组成部分。“尚齿”意指尊崇年长者，是中国古代宴饮礼俗所崇尚的基本原则。现今一般宴席中长者上座之礼仪，便是古代“尚齿”传统的遗风。

河南南阳鸿门宴画像石

3
范增
↓

1 项羽 →　　　　← 张良 5

2 项伯 →　　　　← 樊哙 6

↑
刘邦
4

### 《史记》中“鸿门宴”座次的描写

“项王、项伯东向坐，亚父南向坐——亚父者，范增也。沛公北向坐，张良西向侍。”项羽东向坐，是自居尊位而当仁不让，项伯是他叔父，不能低于他，只有与他并坐。范增是项羽的最主要的谋士和重臣，故其座次虽低于项羽，却高于刘邦。刘邦势单力薄，屈居亚父之下。张良是刘邦的谋士，在5人中地位最低，只能敬陪末座，也就是“侍”坐。“鸿门宴”座次的描写反映出中国古代有以东为尊的传统。值得注意的是，“鸿门宴”的地点应在军帐，在古代，除了军帐或一般普通的房子外，若在堂上举办宴会，一般以南向为尊。

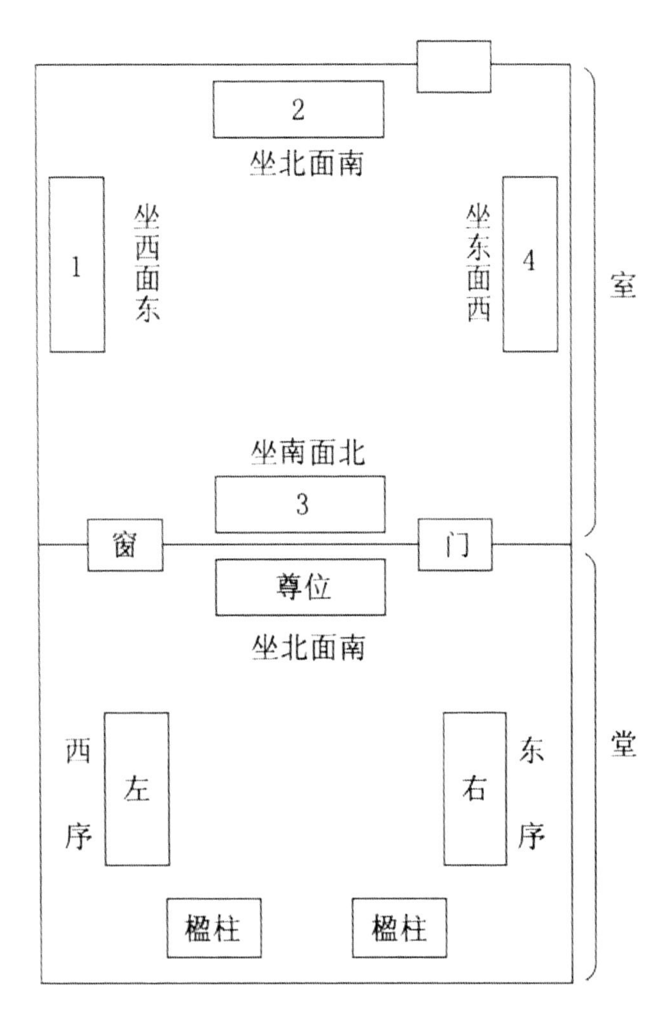


赵荣光：《中国饮食文化史》

**堂屋结构及方位尊卑示意图**

堂是古代宫室的主要组成部分。在堂上举行宴饮活动时，以面南为尊。与堂内座次不同的是，一些普通房子或军帐内，均以东向为尊。

**宴会的南北座次图**

若在堂上举行宴会，一般是南向为尊。中国古代社会长期沿袭这种礼俗，但因地域不同，南北方的座次也有所差别。在古代宴饮场合中，不论人数多少，均按尊卑顺序设席位，席上最重要的是首席，必须待首席者入席后，其余的人方可入席落座。宴席按入席者身份等级安排座次的礼俗一直影响至今。

2 1
6 5
8 7
4 3

南方通行座次图

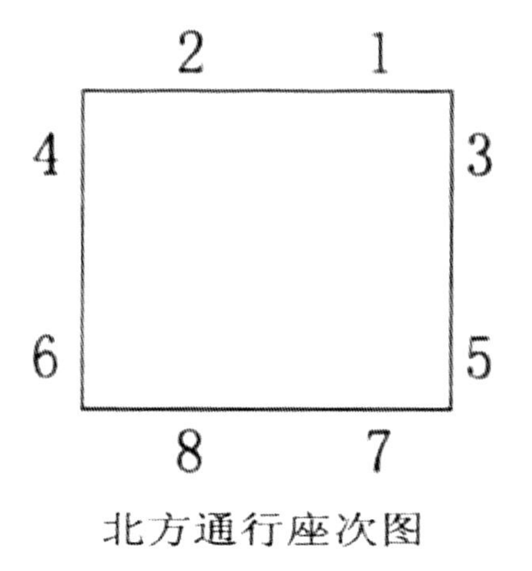


北方通行座次图

赵荣光：《中国饮食文化史》

## 分食与合食

分食

受到石器时代穴居遗风以及住宅普遍低矮等原因的影响，隋唐以前的人们习惯席地而食，或凭俎案而食，实行的是人各一份的分餐制。

### 汉代分食场景

此图是河南密县打虎亭汉墓壁画宴乐图的局部，生动展现了宴饮、乐舞和杂技等场面。主人坐于画面左侧的幄幕中，幄帐前设上、下两长席，宴请来宾，中间为乐舞百戏，宴乐场景壮观，为研究东汉晚期上层社会的宴饮活动提供了翔实的资料。

### 汉代人席地而食场景

王绣摹绘

清　潘振镛绘

## 《举案齐眉》图

东汉时期的贤士梁鸿娶了一名貌丑的富家千金孟光。两人婚后隐居山林，以耕织为业，每天回家，孟光都为梁鸿准备饭菜，她不敢抬头直视梁鸿，将案举得和眉毛一样高，夫妻相敬如宾。这就是著名的“举案齐眉”的故事。汉代的案有两种：一种是有足之案，属于家具类；另一种是承食器之案，像大型浅盘，可以连同放在上面的食具（如杯、盘、卮、勺、箸等）一起端起来。“举案齐眉”指的就是这类食案。

## 马王堆汉墓出土的食案

长沙马王堆汉墓出土的云纹漆案。在出土时，上置5个盛有食物的漆盘、2个漆卮和1个漆耳杯，还有串肉的竹串和一双竹筷。这是模仿墓主生前用餐的陈设，为当时分餐而食的真实反映。

合食

隋唐以后，随着室内高度的提升，桌、椅等高足家具的出现以及烹饪技术的发展、肴馔品种增多，人们围坐一桌共同进餐的合食制逐渐取代了分食制。由分食制向合食制的过渡，人们的饮食方式已经发生了划时代的改变。

《韩熙载夜宴图》中的分食与合食场景

南唐顾闳中的名作《韩熙载夜宴图》中，可以看到各种桌、椅、屏风和大床，图中的人物基本都摆脱了席地起居的旧习。合食成为潮流之后，分食习俗并未完全革除，《韩熙载夜宴图》画面显示：韩熙载及几位宾客，分坐床上和靠背大椅上，欣赏着位琵琶女的演奏。他们每人面前摆着一张小桌子，放有品种完全相同的一份食物，是用8个盘盏盛着的果品和佳肴。碗边还放着包括餐匙和筷子在内的整套进食餐具，互不混同。这幅场景说明了在合食成为食俗主流之后，分食的影响力还未完全消退。

《文会图》中的合食场景

到了宋代，合食制完全取代了分食制，台北故宫博物院藏宋徽宗赵佶所绘的《文会图》即为明证。

## 侑宴之艺

“以乐侑食”是中国古代饮食文化的一大特色。诸侯贵族在进食时，好以音乐歌舞助兴，用来渲染气氛，增进食欲，引导程序，彰显威仪。所谓“钟鸣鼎食”，就是宴饮活动中乐人奏乐击钟，用鼎盛着各种珍贵食品来享受美味。

### 青铜编钟

战国（公元前475—前221年）
高13—30.5厘米
河南信阳长台关出土

编钟是中国古代上层贵族专用的乐器，每逢征战、朝见、祭祀、宴饮等重要活动时，都要演奏编钟。编钟源于西周时期，盛行于春秋战国时期，其数量和种类的多少是身份和地位的象征，从西周早期出现3个一组的编钟以后，每组的数量随着时间的推移逐渐增加。春秋战国时期，上层贵族仍沿袭周王朝的一些礼制，因此在其大墓中经常陪葬编钟、编磬。

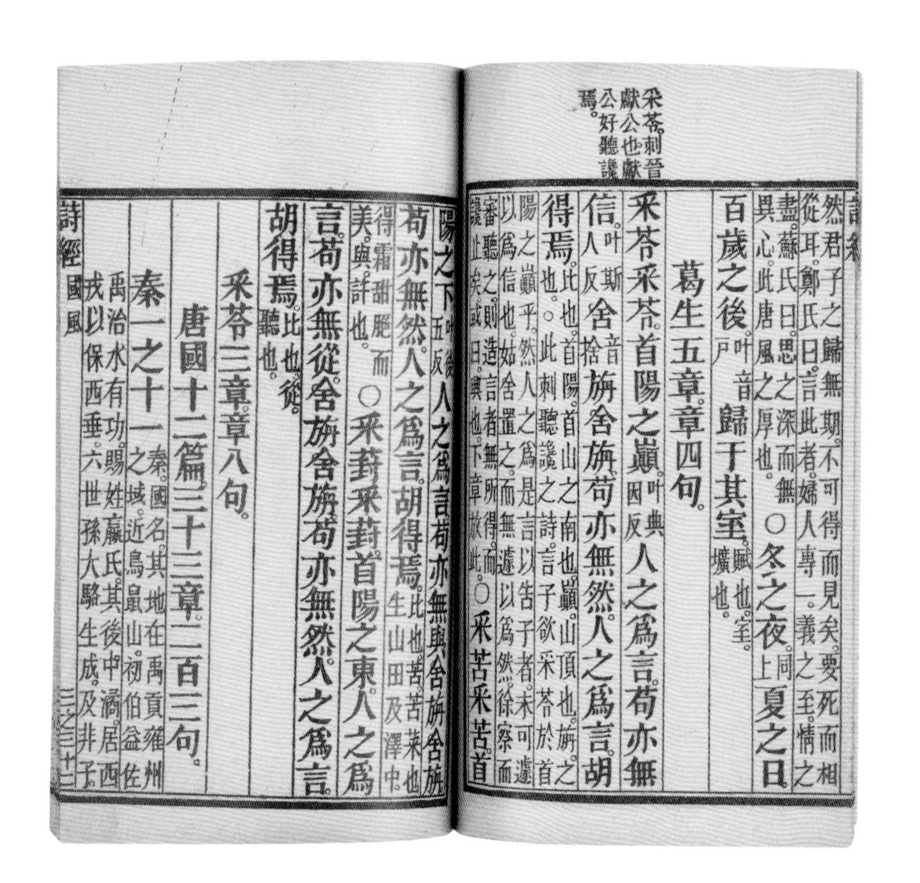

采苓刺晉獻公也獻公好聽讒焉。

然君子之歸無期不可得而見矣要死而相
從耳鄭氏曰言此者婦人專一義之至情之
盡蘇氏曰思之深而無
異心此唐風之厚也
○冬之夜同上夏之日
百歲之後叶戶音歸于其室賦也室壙也
葛生五章章四句
采苓采苓首陽之巔叶典因反人之爲言苟亦無
信叶斯人反舍音捨旃舍旃苟亦無然人之爲言胡
得焉比也首陽首山之南也巔山頂也旃之
也○此刺聽讒之詩言子欲采苓於首
陽之巔乎然人之爲是言以告子者未可遽
以爲信也姑舍置之而無遽以爲然徐察而
審聽之則造言者無所得而
讒止矣或曰興也下章放此○采苦采苦首
陽之下叶後五反人之爲言苟亦無與舍旃舍旃
苟亦無然人之爲言胡得焉比也苦苦菜也生山田及澤中
得霜甜脆而
美與許也○采葑采葑首陽之東人之爲
言苟亦無從舍旃舍旃苟亦無然人之爲言
胡得焉比也從聽也
采苓三章章八句
唐國十二篇三十三章二百三句
秦一之十一秦國名其地在禹貢雍州之域近鳥鼠山初伯益佐
禹治水有功賜姓嬴氏其後中潏居西
戎以保西垂六世孫大駱生成及非子
詩經國風　三之三十三

《诗经》

约成书于春秋（公元前770—前476年）

《诗经》是我国最早的一部诗歌总集，收集了西周初年至春秋中期（前11世纪至前6世纪）的诗歌300多首，在内容上分为《风》《雅》《颂》3个部分。其中，大量的诗歌与饮食相关，如一些关于西周宴会礼仪的诗作把宾客出场、礼仪形式、宴席食物、食器陈列、音乐侑食等情景描绘得详细生动，使人仿佛能感受到当时宴会热烈活跃的气氛。

**《小雅鹿鸣之什图》**

南宋，马和之（传）绘，故宫博物院藏

此卷依据《诗经·小雅》十首诗意而绘，每段前楷书原诗。此画面局部表现了周天子“宴群臣嘉宾”的场景，殿前有乐师“鼓瑟吹笙”“吹笙鼓簧”。

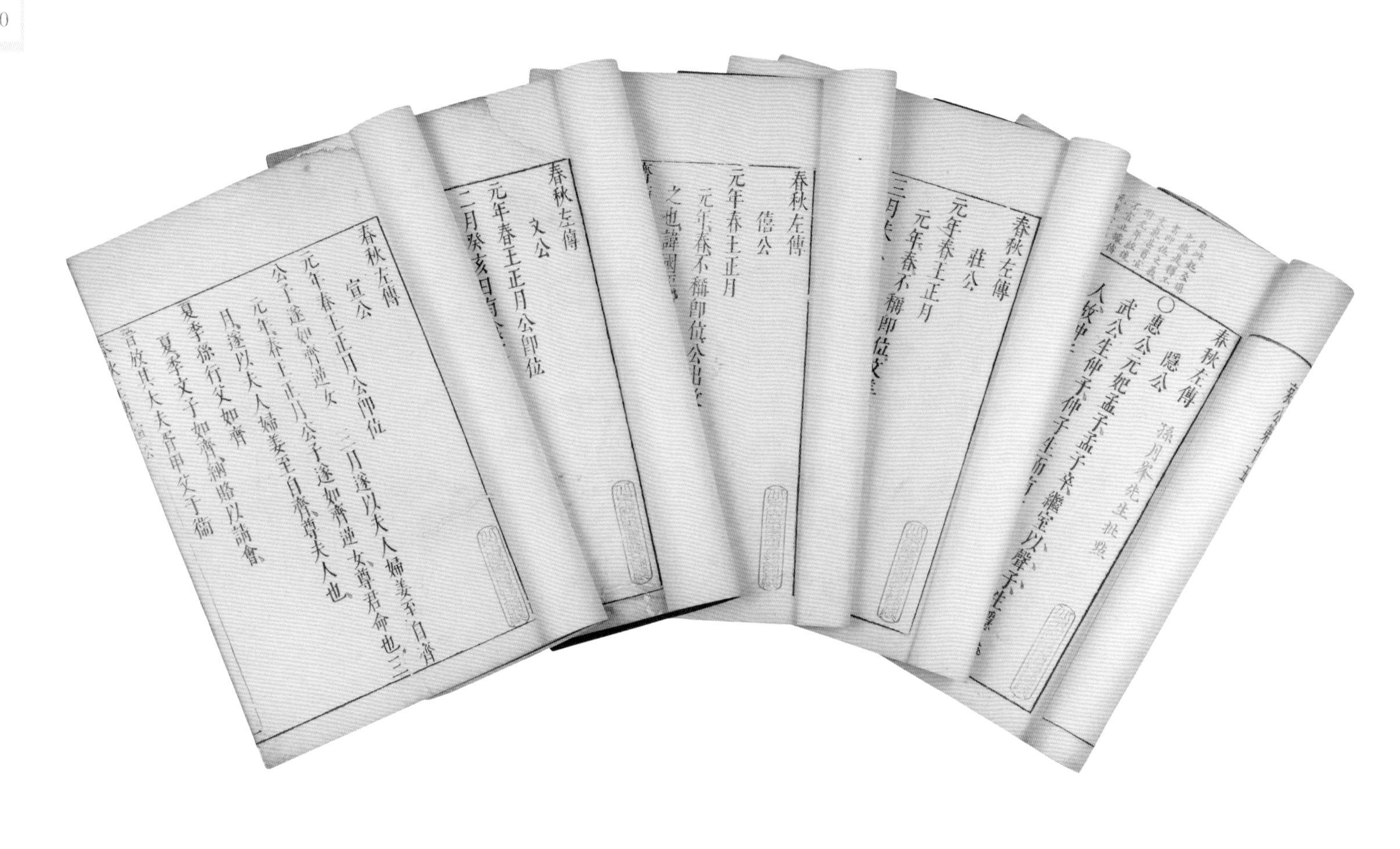


## 《左传》

约成书于春秋（公元前770—前476年）

《左传》是中国现存最早的较为完备的编年体史书，相传是春秋末年左丘明为解释孔子的《春秋》而作。其中对春秋时期王室贵族的不同宴饮活动进行了详细叙述，包括宴饮赋诗、饮食器具、礼仪等，它是研究中国古代饮食文化的重要史料。

## 宴饮杂技画像砖

东汉（25—220年）
长46厘米、宽40厘米
四川成都出土

画像砖是嵌在墓室内壁上的建筑装饰材料。汉代乐舞百戏表演多是在筵宴的场合，此砖画表现了汉代这种宴宾陈伎的习俗。砖上模印有两件盛酒的筒形尊，尊内有酌酒用的勺，另有两件长方形食案。左上方一男主人席地而坐，在观赏伎舞。其旁一女和二男吹排箫伴奏，右侧四人表演，二人耍杂技，二人舞蹈，生动再现了墓主人生前的宴乐生活。

## 汉代壁画中的乐舞百戏图

此为内蒙古和林格尔汉墓壁画的《乐舞百戏图》，画面中央绘有一架建鼓，两侧各有一人执桴擂击。左边是乐队伴奏，弄丸表演者同时飞掷5个弹丸；飞剑者跳跃着将剑抛向空中；舞轮者立在踏鼓上将车轮抛动；倒提者在四重叠案上倒立；橦技是最惊险的节目，一人仰卧地上，手擎橦木，橦头安横木，中间骑一人，横木两侧各一人，作反弓倒挂状；画面上部，一男子与一执飘带的女子正翩翩起舞。表演者都赤膊、束髻，肩臂绕红带，动作优美、矫健。在图的左上方观赏者，居中一人似为庄园主，正和宾客边饮酒边观看乐舞杂耍的表演。

### 马王堆汉墓出土的六博器具

秦汉时期，酒令、令骰、投壶、六博频繁出现在各类酒宴上，极大地活跃了酒宴的欢乐气氛。秦汉以后，经过两千多年的发展，酒令从最初的射箭、投壶等内容，发展形成了数百种之多雅俗共赏的酒令形式。

六博亦称“博戏”“陆博”，是中国古代历史悠久的棋类游戏。因所用之博箸为6根，故名六博。

### 魏晋画像砖上的六博之戏

六博应是对抗性和竞争性极强的棋种。六博多见于酒宴场合，与其他酒令游戏相仿，均为负者饮酒。

## 彩绘长袖女舞俑

西汉（公元前202—公元8年）
高49厘米
陕西西安白家口出土

此女俑头梳中分长发，长发拢至头后肩背处，绾成垂云髻。内穿交领长袖白色舞衣，外罩红色及地长袍。上身微微前倾。根据身体造型，可辨别为左脚在前，右脚在后，双膝略略前趋；右臂上举，长而宽的衣袖飘拂在右肩之上，左手自然下垂向后摆，衣袖随之向后飘飞。舞女眉清目秀，杨柳细腰，动作婉转，若流水行云。《西京杂记》记载“长袖舞”的美姿是“曳长裾，飞广袖”，此女俑正是长袖舞曼妙舞姿的瞬间写照。汉代画像砖石中的宴饮与乐舞场面往往同时出现。从汉画可知，巾舞、长袖舞和盘鼓舞等都是汉代宴饮中经常出现的表演。

## 彩绘女舞俑

唐（618—907年）
高26.6厘米

唐代是中国古代饮食娱乐文化发展的鼎盛时期，其规模之大、形式之多样化都超过了以往的任何朝代。由于经济文化高度发达，盛唐时期出现了许多著名的宴饮活动，如烧尾宴、曲江宴、探春宴、裙幄宴、赏花宴、船宴等。诗歌、舞蹈、投壶和酒令等饮食娱乐项目大大丰富了人们的宴饮生活。

## 俳优男俑

汉（公元前202—公元220年）
高15.1厘米

汉代皇室贵族、豪富大吏蓄养俳优之风极盛。汉代画像石乐舞百戏图中经常可以看见一些身材粗短、上身赤裸和动作滑稽的表演者，汉墓中也不乏此类形象的陶俑出土，这类表演者一般被称为俳优。这些俳优艺人是汉代宴会场合中常见的助兴演员。他们在表演时，通常边击鼓，边唱跳。

## 绿釉陶舞俑

唐（618—907年）
高31厘米
陕西西安独孤思贞墓出土

隋唐时期，随着经济的发展和对外交流的扩大，西域一带少数民族及国外的音乐、舞蹈、百戏等艺术形式大量地传入中原地区，它们与中原地区原有的艺术表演相结合，产生了许多具有鲜明民族特色的饮食娱乐活动形式。

唐代壁画中的宴乐图

### 铜投壶

清（1644—1911年）
高50厘米、口径15.9厘米

此壶底座刻蕉叶纹，腹部正面为龙头铺首，直颈上雕螭龙，上贯两耳。《礼记》中《投壶篇》中称投壶之制为“壶颈修七寸，腹修五寸”，此壶尺寸与此相当。投壶时根据矢入壶的位置计分不同，饮酒数量不同。宴饮之时，人们举行投壶游戏，有利于增加气氛。投壶为古代筵席上宴饮娱乐的一种游戏，由射礼演化而来。投者站在一定的距离外，将矢投入特制的箭壶中，以投入数量及投入箭壶的位置决胜负，负者饮酒。投壶之礼在春秋已盛行。唐宋以后，随着各种雅令兴起而逐渐衰落。直到明清，甚至民国以后尚有以投壶为戏。

汉代投壶画像石

《秋宴图》

明（1368—1644年）
尤求绘
纸本　设色
纵35厘米、横140厘米

此画描绘了明代官员崔铣被外放，朋友为其饯行的场景。众人于秋日庭院之中饮酒、弈棋（双陆棋）、射箭、捶丸（类似现代高尔夫）等。文人士大夫的宴集更加追求艺术性，讲究良辰、美景、赏心、乐事。为活跃气氛，宴集常常会附有高雅的文体活动。

《文会图》

明（1368—1644年）
佚名绘
绢本　设色
纵126厘米、横61.5厘米

图绘三位文人庭院聚会情景。画家构思巧妙，屏风中起伏的流水使人犹如置身溪流之旁，表现了人们向往自然的生活态度。同时画家刻意描绘的是主人弹琴迎宾的场景，并以屏风为界，通过桌上摆放的食物，屏风后置的乐器，以及捧杯执壶的女子，告知观者一场宴会即将开始，不难想象宾主把酒畅饮，观看女子歌舞的情景。画家将主人弹琴迎宾、即将开始的酒宴、观赏歌舞三个活动场景连接，虚实相生，折射出当时社会风气的一个层面，反映了当时士人的生活态度，是一幅反映明代社会生活的风俗画。

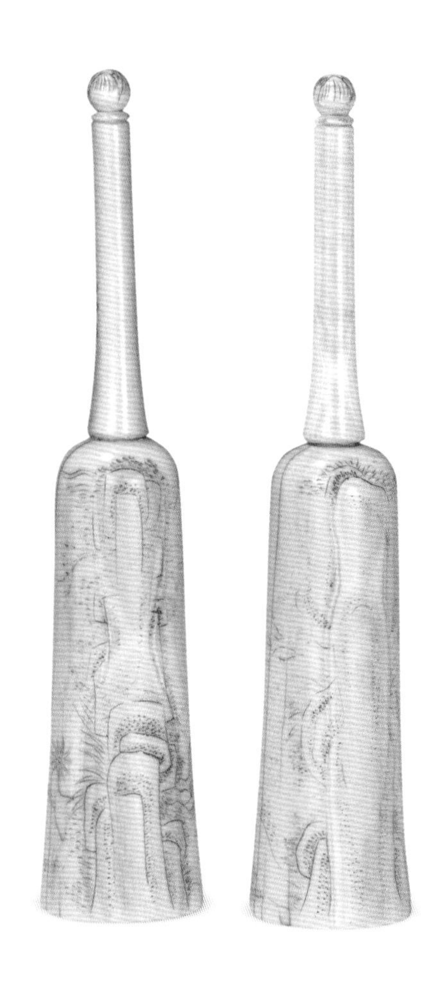

## 双陆棋

清（1644—1911年）
棋子高8.7厘米

双陆为两人对博游戏，分执黑白棋子。因棋子形似马头，故棋子又称马。行棋时按投掷骰子所得的点数来行马，从各自棋盘一方沿边行至另一方，根据规则可以打对方马，最后以到达目的地的先后和打落敌马的数量决定胜负。双陆据说起源于天竺，曹魏时传入中国，南北朝至隋唐时期盛行，明清以后逐渐衰退，仅在上层贵族和妇女间流行。

**民俗画中的双陆棋**

王弘力绘《中国民俗百图》

## 《怡红夜宴图》

清（1644—1911年）
佚名绘
纵87厘米、横231.5厘米

门外红漆游廊相连，隔窗隐现芭蕉、海棠，室内12人围桌坐在炕上，桌上放置40个碟子，分5列排放，桌上正中有一象牙酒筹筒。此图描绘的是《红楼梦》中怡红院群芳夜宴场景。据书中所述，宝玉生日那天，怡红院丫鬟们凑份子钱为宝玉祝寿，请来黛玉、宝钗、探春、湘云等人，大家一同饮酒行令作乐。所行酒令为"占花名令"，令筹上写有花名及一句诗词，下面标明饮酒之法，掣到筹者只需按筹上说的办即可。这种酒令简单易行，为宴饮活动增加了趣味性。

## 象牙《西厢记》酒筹连刻花牙筒

清（1644—1911年）
牙筒通高9.7厘米，口径5厘米

牙筒表面刻画桃花春燕图，内里酒筹一副25根，酒筹造型仿自栏杆望柱，一面即《酒筹》诗所云为《西厢记》中的唱词，一面是与唱词相应的饮酒方式。

酒筹是中国古代酒宴中活跃气氛、联络感情的助兴娱乐用具，盛行于明清时期。酒筹通常一筒为一套，每一套酒筹都各具特色，时人常从经书、诗词、词句、名著、典故中取材作为酒令镌刻在酒筹上，抽到酒筹的人依照筹上酒令的规定敬酒、劝酒、罚酒。酒筹包含着很大的文化内涵，参与者须具备一定的文化修养才能发挥得好。

# 配图出处

[1]王圻, 王思义. 三才图会・人物卷[M]. 原刊本, (明万历三十七年)1609.
[2]顾沅辑, 孔莲卿绘. 古圣贤像传略[M]. 原刊本, (清道光十年)1830.
[3]山东省博物馆, 山东省文物考古研究所. 山东汉画像石选集[M]. 济南: 齐鲁书社, 1982.
[4]张鸿修. 中国唐墓壁画集[M]. 广州: 岭南美术出版社, 1995.
[5]佚名. 食物本草[M]. 北京: 华夏出版社, 2000.
[6] 萧云从, 门应兆. 钦定补绘萧云从离骚全图[M]. 上海: 上海古籍出版社, 2002.
[7]中国历史博物馆保管部. 中国历代名人画像谱[M]. 福州: 海峡文艺出版社, 2003.
[8]马汉国. 微山汉画像石选集[M]. 北京: 文物出版社, 2003.
[9]启功. 中国历代绘画精品・人物卷[M]. 济南: 山东美术出版社, 2003.
[10]香港城市大学中国文化中心. 岭南历史与社会[M]. 香港: 香港城市大学出版社, 2003.
[11]中国国家博物馆. 美食配美器: 中国历代饮食器具[Z]. 2004.
[12]广州市文物考古研究所. 铢积寸累: 广州考古十年出土文物选萃[M]. 北京: 文物出版社, 2005.
[13]余辉. 晋唐两宋绘画(人物风俗)[M]. 上海: 上海科学技术出版社, 2005.
[14]葛洪撰, 周天游校注. 西京杂记[M]. 西安: 三秦出版社, 2006.
[15]诸文进. 潘振镛书画作品集[M]. 上海: 上海人民美术出版社, 2006.
[16]西汉南越王博物馆. 西汉南越王博物馆珍品图录[M]. 北京: 文物出版社, 2007.
[17]万依, 王树卿, 陆燕贞. 清宫生活图典[M]. 北京: 紫禁城出版社, 2007.
[18]徐光冀. 中国出土壁画全集3内蒙古[M]. 北京: 科学出版社, 2012.
[19]徐光冀. 中国出土壁画全集5河南[M]. 北京: 科学出版社, 2012.
[20]徐光冀. 中国出土壁画全集8辽宁吉林黑龙江[M]. 北京: 科学出版社, 2012.
[21]徐光冀. 中国出土壁画全集9甘肃宁夏新疆[M]. 北京: 科学出版社, 2012.
[22]中国社会科学院考古研究所, 辽宁省博物馆. 考古中华: 中国社会科学院考古研究所成立六十年成果展[M]. 北京: 科学出版社, 2012.
[23]国家文物局. 惠世天工: 中国古代发明创造文物展[M]. 北京: 中国书店, 2012.
[24]河北博物院. 大汉绝唱: 满城汉墓[M]. 北京: 文物出版社, 2014.
[25]王弘力. 中国民俗百图[M]. 沈阳: 辽宁美术出版社, 2014.

[26]赵荣光. 中国饮食文化史[M]. 上海：上海人民出版社，2006.
[27]徐海荣. 中国饮食史：卷1[M]. 杭州：杭州出版社，2014.
[28]孙机. 中国古代物质文化[M]. 北京：中华书局，2014.
[29]王绣，霍宏伟. 洛阳两汉彩画[M]. 北京：文物出版社，2015.
[30]王明军. 唐宋御宴[M]. 上海：学林出版社，2016.
[31]孙机. 从历史中醒来：孙机谈中国古文物[M]. 北京：生活·读书·新知三联书店，2016.
[32]湖南省博物馆. 长沙马王堆汉墓陈列[M]. 北京：中华书局，2017.
[33]吕章申. 秦汉文明[M]. 北京：北京时代华文书局，2017.
[34]山东博物馆，中国文化遗产研究院. 书于竹帛：中国简帛文化[M]. 上海：上海书画出版社，2017.
[35]廖宝秀. 历代茶器与茶事[M]. 北京：故宫出版社，2017.
[36]国家文物局. 2017中国重要考古发现[M]. 北京：文物出版社，2018.
[37]林洪撰，宋思维绘. 山家清供[M]. 南昌：江西美术出版社，2018.
[38]王春法. 小城故事：湖南龙山里耶秦简文化展[M]. 合肥：安徽美术出版社，2019.
[39]广东省博物馆等. 大海道[M]. 广州：岭南美术出版社，2019.
[40]冯守营. 中国古代简牍书法精粹：沅陵虎溪山汉简[M]. 郑州：河南美术出版社，2021.

# 主要参考文献

[1]黄展岳. 汉代人的饮食生活[J]. 农业考古，1982(1)：71-80.
[2]卢兆荫，张孝光. 满城汉墓农器刍议[J]. 农业考古，1982(1)：90-96+2.
[3]曾纵野. 中国饮馔史：第一卷[M]. 北京：中国商业出版社，1988.
[4]赵荣光. 中国饮食史论[M]. 哈尔滨：黑龙江科学技术出版社，1990.
[5]陈文华. 漫谈出土文物中的古代农作物[J]. 农业考古，1990(2)：127-137.
[6]陈文华. 豆腐起源于何时？[J]. 农业考古，1991(1)：245-248.
[7]李士靖. 中华食苑：第一集[M]. 北京：中国社会科学出版社，1994.
[8]罗桂环，王耀先，杨朝飞，等. 中国环境保护史稿[M]. 北京：中国环境科学出版社，1995.
[9]林乃燊. 中国古代饮食文化[M]. 北京：商务印书馆，1997.
[10]王仁湘. 勺子·叉子·筷子——中国古代进食方式的考古学研究[J]. 寻根，1997(5)：12-19.
[11]孙机. 豆腐问题[J]. 农业考古，1998(3)：292-296.
[12]龙虬庄遗址考古队. 龙虬庄：江淮东部新石器时代遗址发掘报告[M]. 北京：科学出版社，1999.
[13]姚伟钧，方爱平，谢定源. 饮食风俗[M]. 武汉：湖北教育出版社，2001.
[14]邱庞同. 炒法源流考述[J]. 扬州大学烹饪学报，2003(1)：1-6.
[15]王仁湘. 民以食为天：中国饮食文化[M]. 济南：济南出版社，2004.
[16]朱伟. 考吃[M]. 北京：中国人民大学出版社，2005.
[17]王仁湘. 往古的滋味：中国饮食的历史与文化[M]. 济南：山东画报出版社，2006.
[18]刘云. 中国箸文化史[M]. 北京：中华书局，2006.
[19]熊铁基. 秦汉文化史[M]. 上海：东方出版中心，2007.
[20]王晴佳. 筷子：饮食与文化[M]. 汪精玲，译. 北京：生活·读书·新知三联书店，2019.
[21]林甘泉. 中国经济通史：秦汉[M]. 北京：经济日报出版社，2007.
[22]杨泓. 逝去的风韵：杨泓谈文物[M]. 北京：中华书局，2007.
[23]秦林. 品菜谈史[M]. 北京：东方出版社，2007.
[24]邱庞同. 饮食杂俎：中国饮食烹饪研究[M]. 济南：山东画报出版社，2008.

[25]许进雄. 中国古代社会：文字与人类学的透视[M]. 北京：中国人民大学出版社，2008.
[26]葛承雍. 酒魂十章[M]. 北京：中华书局，2008.
[27]陶思炎. 中国鱼文化[M]. 南京：东南大学出版社，2008.
[28]邱庞同. 食说新语：中国饮食烹饪探源[M]. 济南：山东画报出版社，2008.
[29]彭卫. 汉代食饮杂考[J]. 史学月刊，2008(1)：19-33.
[30]缪启愉，缪桂龙译注. 齐民要术译注[M]. 上海：上海古籍出版社，2009.
[31]周俊玲. "器"与"道"——汉代陶灶造型. 装饰及其意蕴[J]. 文物世界，2009(6)：24-29.
[32]林乃燊，冼剑民. 岭南饮食文化[M]. 广州：广东高等教育出版社，2010.
[33]中国国家博物馆. 文物里的古代中国[M]. 北京：中国社会科学出版社，2010.
[34]邱庞同. 中国面点史[M]. 青岛：青岛出版社，2010.
[35]萧亢达. 汉代乐舞百戏艺术研究（修订版）[M]. 北京：文物出版社，2010.
[36]孙机. 汉代物质文化资料图说（增订本）[M]. 上海：上海古籍出版社，2011.
[37]杨荫深. 事物掌故丛谈[M]. 上海：上海辞书出版社，2011.
[38]彭卫. 汉代人的肉食[M]//中国社会科学院历史研究所学刊编委会. 中国社会科学院历史研究所学刊：第七集. 北京：商务印书馆，2011.
[39]瞿明安，秦莹. 中国饮食娱乐史[M]. 上海：上海古籍出版社，2011.
[40]张景明，王雁卿. 中国饮食器具发展史[M]. 上海：上海古籍出版社，2011.
[41]姚伟钧，刘朴兵，鞠明库. 中国饮食典籍史[M]. 上海：上海古籍出版社，2011.
[42]高成鸢. 食·味·道：华人的饮食歧路与文化异彩[M]. 北京：紫禁城出版社，2011.
[43]国家文物局. 惠世天工：中国古代发明创造文物展[M]. 北京：中国书店，2012.
[44]王宣艳. 芳茶远播：中国古代茶文化[M]. 北京：中国书店，2012.
[45]王仁湘，杨焕新. 饮茶史话[M]. 北京：社会科学文献出版社，2012.
[46]王子今. 秦汉文化风景[M]. 北京：中国人民大学出版社，2012.
[47]王仁湘. 饮食史话[M]. 北京：社会科学文献出版社，2012.

[48]刘锡诚. 吉祥中国[M]. 上海：上海文艺出版社，2012.
[49]董淑燕. 百情重觞：中国古代酒文化[M]. 北京：中国书店，2012.
[50]俞为洁. 中国食料史[M]. 上海：上海古籍出版社，2011.
[51]彭卫. 汉代酒事杂识[J]. 酒史与酒文化研究，2012(0)：106-119.
[52]彭卫. 汉代饮食史的几个问题[M]//赵国华. 熊铁基八十华诞纪念文集. 武汉：华中师范大学出版社，2012.
[53]赵荣光. 中华酒文化[M]. 北京：中华书局，2012.
[54]赵荣光. 中华饮食文化[M]. 北京：中华书局，2012.
[55]高启安. 汉魏河西饮食三题——以河西汉简饮食资料为主[C]//张德芳. 甘肃省第二届简牍学国际学术研讨会论文集. 上海：上海古籍出版社，2012.
[56]王仁湘. 味无味：餐桌上的历史风景[M]. 成都：四川人民出版社，2013.
[57]季鸿崑，李维冰，马健鹰. 中国饮食文化史. 长江下游地区卷[M]. 北京：中国轻工业出版社，2013.
[58]冼剑民，周智武. 中国饮食文化史. 东南地区卷[M]. 北京：中国轻工业出版社，2013.
[59]徐日辉. 中国饮食文化史. 西北地区卷[M]. 北京：中国轻工业出版社，2013.
[60]方铁，冯敏. 中国饮食文化史. 西南地区卷[M]. 北京：中国轻工业出版社，2013.
[61]吕丽辉. 中国饮食文化史. 东北地区卷[M]. 北京：中国轻工业出版社，2013.
[62]赵荣光. 中国饮食文化史[M]. 上海：上海人民出版社，2014.
[63]孙机. 中国古代物质文化[M]. 北京：中华书局，2014.
[64]徐海荣. 中国饮食史[M]. 杭州：杭州出版社，2014.
[65]周嘉华. 中国传统酿造[M]. 贵阳：贵州民族出版社，2014.
[66]王利器校注. 盐铁论校注[M]. 北京：中华书局，2017.
[67]初世宾. 居延新简《责寇恩事》的几个问题[M]//初世宾. 陇上学人文存：初世宾卷. 兰州：甘肃人民出版社，2015.
[68]刘德增. 秦汉衣食住行：插图珍藏本[M]. 北京：中华书局，2015.

[69]孙机. 从历史中醒来：孙机谈中国古文物[M]. 北京：生活·读书·新知三联书店，2016.

[70]陈伟. 秦简牍合集：释文注释修订本（壹）[M]. 武汉：武汉大学出版社，2016.

[71]王子今. 秦汉名物丛考[M]. 北京：东方出版社，2016.

[72]王仁湘. 半窗意象：图像与考古研究自选集[M]. 北京：文物出版社，2016.

[73]赵建民：中国菜肴文化史[M]. 北京：中国轻工业出版社，2017.

[74]王子今. 长沙简牍研究[M]. 北京：中国社会科学出版社，2017.

[75]刘玉环. 居延新简"候粟君所责寇恩事"册书编联与所含"爰书"探析[J]. 西南学林，2016(0):234-239.

[76]彭卫. 汉代菜蔬志[M]//中国社会科学院历史研究所学刊编委会. 中国社会科学院历史研究所学刊 第10集. 北京：商务印书馆，2017.

[77]李松儒.《孝文十年献枇杷令》初探——谈松柏1号墓出土西汉令丙木牍[C]//张德芳. 甘肃省第三届简牍学国际学术研讨会论文集. 上海：上海辞书出版社. 2017.

[78]吕章申. 秦汉文明[M]. 北京：北京时代华文书局，2017.

[79]中国国家博物馆. 中华文明[M]. 北京：北京时代华文书局，2017.

[80]高成鸢. 味即道[M]. 北京. 生活书店出版有限公司，2016.

[81]彭卫，杨振红. 秦汉风俗[M]. 上海：上海文艺出版社，2018.

[82]朱存明，等. 民俗之雅：汉画像中的民俗研究[M]. 北京：生活·读书·新知三联书店，2019.

[83]霍雨丰. 南越物语[M]. 广州：岭南美术出版社，2019.

[84]刘朴兵. 中国酒祭的起源、传承与变异[J]. 寻根，2020(3):19-22.

[85]葛承雍. 胡汉中国与外来文明[M]. 北京：生活·读书·新知三联书店，2020.

[85]赵志军. 传说还是史实：有关"五谷"的考古发现[N]. 光明日报，2021-07-10(10).

[86]赵秋丽，冯帆. 山东大学考古团队发现世界最早茶叶遗存[N]. 光明日报，2021-11-26(9).

[87]路国权，蒋建荣，王青，等. 山东邹城邾国故城西岗墓地一号战国墓茶叶遗存分析[J]. 考古与文物，2021(5):118-122.

# 展场内景

历代名肴
饮
食

古人席地而食
体验区

# 后 记

民以食为天。在绵延5000多年的文明发展进程中，中华民族创造了举世瞩目的成就。饮食文化传承着中华民族的文化精髓，成为华夏大地古往今来的民族性格、思想信仰、国运兴衰、交流互鉴等历史文化特质的重要载体。中华文化源远流长、生生不息和博大精深，得益于其特有的包容性，中华民族的历史，就是一部求同存异、兼收并蓄、融合发展的奋斗历程。如今，“中国菜”“中国茶”走出国门，美妙的饮食在不同的民族和文化间扮演着亲善大使的形象，在岁月中彼此交融。舌尖上的中国，历史中的积淀，文化间的互鉴，吸引了全世界的关注。

仓廪实、天下安，一粥一饭见作风。中国不仅拥有悠久的农业文明、先进的科技成果和丰富的饮食文化，中国人民更依靠自己的努力，秉承勤俭、奋斗、创新、奉献的精神，用仅占国土百分之七的耕地养活了世界近五分之一的人口，创造了世界粮食产量的奇迹，成功地解决了14亿多中国人民的吃饭问题。目前，中国已经实现了第一个百年奋斗目标，在中华大地上全面建成了小康社会，正在意气风发地向着全面建成社会主义现代化强国的第二个百年奋斗目标迈进。中国国家博物馆将继续弘扬中华民族的优秀传统文化，引领广大观众深入了解中国古代饮食文化的博大精深，不断增强文化自信，为实现中华民族伟大复兴而砥砺前行。

中国国家博物馆“中国古代饮食文化展”展览项目组

图书在版编目（CIP）数据

中国古代饮食文化 / 王春法主编 . -- 北京 : 北京时代华文书局 , 2023.10
ISBN 978-7-5699-5008-3

Ⅰ . ①中…　Ⅱ . ①王…　Ⅲ . ①饮食－文化－中国－古代　Ⅳ . ① TS971.2

中国国家版本馆 CIP 数据核字 (2023) 第 189918 号

ZHONGGUO GUDAI YINSHI WENHUA

出 版 人：陈　涛
项目统筹：余　玲
责任编辑：余荣才
执行编辑：田思圆
责任校对：畅岩海
装帧设计：王　蕾

出版发行：北京时代华文书局 http://www.bjsdsj.com.cn
北京市东城区安定门外大街 138 号皇城国际大厦 A 座 8 层
邮编：100011　电话：010-64263661　64261528
印　　刷：北京雅昌艺术印刷有限公司
开　　本：965 mm×1270 mm　1/16　　成品尺寸：235 mm×305 mm
印　　张：18.75　　字　　数：712 千字
版　　次：2023 年 10 月第 1 版　　印　　次：2023 年 10 月第 1 次印刷
定　　价：618.00 元